科学史上的今天

夏季篇

胡星 马自骉 编著

U0333390

浙江教育出版社·杭州

图书在版编目（CIP）数据

科学史上的今天. 夏季篇 / 胡星，马自翯编著. --
杭州：浙江教育出版社，2020.10
ISBN 978-7-5722-0392-3

Ⅰ. ①科… Ⅱ. ①胡… ②马… Ⅲ. ①自然科学史－
普及读物 Ⅳ. ①N49

中国版本图书馆CIP数据核字(2020)第188865号

责任编辑	卢 宁	**责任校对**	谢 瑶
文字编辑	严嘉玮	**美术编辑**	韩 波
责任印务	吴梦菁	**封面设计**	起轩广告

科学史上的今天　夏季篇
KEXUE SHI SHANG DE JINTIAN　XIAJI PIAN

胡　星　马自翯　编著

出版发行　浙江教育出版社
　　　　　　（杭州市天目山路40号　电话：0571-85170300-80928）
图文制作　杭州兴邦电子印务有限公司
印刷装订　浙江新华印刷技术有限公司
开　　本　710mm×1000mm　1/16
印　　张　6.25
字　　数　125 000
版　　次　2020年10月第1版
印　　次　2020年10月第1次印刷
标准书号　ISBN 978-7-5722-0392-3
定　　价　25.00元

如发现印装质量问题，影响阅读，请与本社市场营销部联系调换，
电话：0571-88909719

前 言

嗨，你一定在科幻电影里看到过稀奇古怪的仪器和设备。但你知道吗？真正的科学可比这些丰富多了，它远不仅是奇妙的电学表演、复杂的生物解剖，或是神奇的星空观测。科学是一种思维方法，一种不断变化的对世界的看法。科学家设计了一系列有助于发现自己错误的方法和规则，通过其不停探索世界内在的机制。

你是不是很疑惑？不妨看一看下图中的红线和绿线，哪条线更长呢？

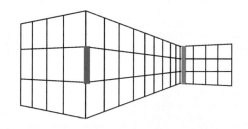

答案是两条线一样长，这是不是有些出乎意料？你看，观察后直接下结论很容易出错吧。如果你拿出刻度尺，测量两条线的长度，而不是直接下结论，那么，你已经在像科学家一样思考了！你正在检验你的观察是否正确，用的是强有力的科学方法——测量！

当然，测量不是唯一的科学方法，早在1600年，就有科学家将实验引入科学。时至今日，科学家在研究问题时都会使用合理的科学方法，遵循严谨的研究步骤，将科学结论建立在对研究对象进行观察、实验和数据分析等过程的基础上。

那么，想知道科学是怎么发展成今天这样的吗？想知道科学家是怎样一步步探索世界的吗？想知道人们对世界的认识有哪些版本吗？在本书中，

1

你也许会找到问题的答案。

本书以时间为引，撷取科学史上366天发生的科学故事，分春、夏、秋、冬四册，涵盖物质科学、生命科学、地球与宇宙科学、技术与工程等领域。当然，怎么缺得了数学！数学是科学的皇后，科学家利用数学工具描述物理定律、天文现象等。所以，本书同样加入了推进科学史发展的精彩数学故事。

为了让你"亲身体验"科学故事发生的现场，书中设置了很多有趣的小栏目。通过"科学家日记""科学家书信"等，追踪科学家思考的过程，看他们如何运用科学方法认识这个世界；通过"科学小百科""真相大揭秘"等，讲述故事背后蕴含的科学知识；通过"延伸阅读"，将散落在科学史长河中的故事串起来，试图展示科学是怎样一步步发展的。

在本书中，你会看到科学家也会犯错误，他们会争吵不休，也会患难与共；他们可能会被万众景仰，也可能会被送上断头台。他们受惠于前人，他们服务于后代。他们是和我们一样的人，有高有矮，有胖有瘦，会因成功而兴奋，亦会因失败而沮丧。但他们不遗余力寻找着正确的答案——运用科学的方法，所以，他们被称为科学家。

通过这些精彩的故事，希望你能体会到科学和科学家的魅力，了解科学思想和方法；希望他们的发现，可以引导你发现科学，让你对事物充满好奇；更希望你在生活中，也能拿起"科学方法"这一武器，敢于质疑、勇于求异。

下面，跟随科学家，一起去畅游历史吧！

如果书中有让你感到疑惑的地方，希望你能积极探索，当然——是用科学的方法！

目 录

6月1日　发现北磁极 1

6月2日　电话机来啦 2

6月3日　火山英雄 3

6月4日　倒霉的科学家让蒂 4

6月5日　看得见摸不着的全息投影 5

6月6日　杂交水稻之父 6

6月7日　哥德巴赫猜想 7

6月8日　橘子还是甜瓜 8

6月9日　中国铁路的开端 9

6月10日　圆珠笔来啦 10

6月11日　我们生活在空气之海的底部 11

6月12日　自行车诞生 12

6月13日　指纹断案 13

6月14日　血型的发现 14

6月15日　闪电也是电 15

6月16日　第一位女太空人 16

6月17日　氢弹爆炸 17

6月18日　《物种起源》问世 18

6月19日　发现二氧化碳 19

6月20日　太空授课 20

6月21日　无字天书——冰芯 21

6月22日　小地球试验 22

6月23日　破解费马大定理 23

6月24日　看不见的危险 24

6月25日　两弹元勋 25

6月26日　条形码现身 26

6月27日　睡　人 27

6月28日　在太空中待得最久的人 28

6月29日　在太空握手 29

6月30日　时间居然变慢了？ 30

7月1日　海上凶神 31

7月2日　预言家哈雷 32

7月3日　核磁共振，扫描开始！ 33

7月4日　向彗星开炮 34

7月5日　最有名的UFO事件 35

7月6日　黑色审讯 36

7月7日　让光无法逃出 37

7月8日　"冰冻方舟"计划 38

7月9日　理发师悖论 39

7月10日　坐好，看直播啦 40

7月11日　遇见尼安德特人 41

7月12日　两位科学家的友谊 42

7月13日　性急的年代 43

7月14日　黑洞历险实验 44

7月15日　洛杉矶毒雾 45

7月16日　彗星撞木星 46

7月17日　我们从哪儿来 47

7月18日　细胞现身　48

7月19日　破解埃及象形文字之谜　49

7月20日　月球漫步　50

7月21日　电和磁，真的有关系　51

7月22日　恒星"巨无霸"　52

7月23日　到太空中去观测　53

7月24日　消失在云雾中的城市　54

7月25日　火星"人脸"事件　55

7月26日　乘着阳光环游世界　56

7月27日　送错礼的道尔顿　57

7月28日　骨头大战　58

7月29日　赌徒的烦恼　59

7月30日　在月球上开车　60

7月31日　恐龙，鸟类的祖先?　61

8月1日　爱玩蚂蚁的威尔逊　62

8月2日　小行星来袭　63

8月3日　哥伦布远航　64

8月4日　飞向太空的机器人　65

8月5日　一粒种子的太空之旅　66

8月6日　外太空"小绿人"　67

8月7日　孤筏重洋　68

8月8日　无限旅馆　69

8月9日　科学是把双刃剑　70

8月10日　以身试毒　71

8月11日　当代毕昇　72

8月12日　年度最佳机器 …………………… 73

8月13日　第三位小数的胜利 ……………… 74

8月14日　脚印化石 ………………………… 75

8月15日　走一下捷径 ……………………… 76

8月16日　钢的时代来了 …………………… 77

8月17日　不一样的中子星合并事件 ……… 78

8月18日　富尔顿的"蠢物" ……………… 79

8月19日　飞向太空的动物 ………………… 80

8月20日　蚊子日 …………………………… 81

8月21日　死亡之湖 ………………………… 82

8月22日　煮不熟的马铃薯 ………………… 83

8月23日　"怪兽"并不可怕 ……………… 84

8月24日　被"开除"的冥王星 …………… 85

8月25日　最有名的失忆者 ………………… 86

8月26日　现代化学之父 …………………… 87

8月27日　没有螺旋桨的飞机 ……………… 88

8月28日　太空漂流记 ……………………… 89

8月29日　发现电磁感应现象 ……………… 90

8月30日　大陆在移动 ……………………… 91

8月31日　死亡地图 ………………………… 92

发现北磁极

你是否注意到，有些地图中地球的南北两端，不仅标有地理上的南极和北极，还有南磁极和北磁极呢？

1600年，英国女王伊丽莎白一世的医生吉尔伯特提出一个论点：地球本身就是一个大磁体。那它磁性最强的区域，也就是磁极在哪儿呢？

下面我们就来看一看发现北磁极的詹姆斯·罗斯的航海日记吧！

罗斯的日记

1831年6月1日

几天前我随叔叔乘坐"胜利号"轮船去北极探险。这不是我们第一次出发了，前几次的探险积累了一些地磁观察资料。我有预感，这次要有收获了！

今天，在快要抵达预定目的地的途中，我停下来收集观察资料。水平悬浮的罗盘突然失灵了，磁倾仪（测量磁倾角的仪器）指示在89°59′。这一刻，我心中狂喜：北磁极终于找到了！我成为世界上第一个发现北磁极的人！

如何纪念这个伟大的地点和时刻？周围有石头，那就堆个圆锥形石堆吧！

接下来，罗斯发现了一个有趣的现象：北磁极的位置不是固定不变的，它在不断移动！罗斯本想研究它的移动情况，但携带的仪器和给养不够，他只能撤退了。你知道吗？现在，北磁极平均每年向北移动约24.4千米，向西移动

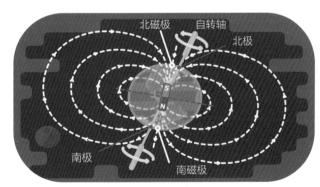

南北磁极示意图

约5.4千米。所以，地图上标注的北磁极会处在不同的地理位置。

而后在1909年，爱尔兰人沙克尔顿率领的探险队最早确认了南磁极的位置。当然了，南磁极也在不断移动。

电话机来啦

"什么也别动!"房间里的贝尔对着另外一个房间大声喊道,完全忘记了房间的隔音很好,他的助手沃森压根就听不到。接着,贝尔快步跑进沃森的房间,兴奋地问他:"你刚才做了什么?再做一遍!"

沃森愣了一下,刚刚一片铁片被磁铁卡住不能动了,他用手弹了弹铁片,铁片快速振动,发出"嗡"的声音。

原始电话机

就是这个声音,被贝尔房间的收讯机接收到了。贝尔和沃森重复做了几次实验,每次都能得到相似的实验结果。既然铁片的振动声能通过电线传播,那么对着薄薄的铁片大声说话,说话声是不是也能通过铁片的振动传播出去呢?他们开始了进一步的研究,电话机就这样诞生了。

1885年,长途接线员在工作

这一天是1875年6月2日。这台原始的电话机非常简陋粗糙,但它是诞生于世的第一台电话机。为了纪念这个有意义的日子,人们在这间房间,也就是美国波士顿法院路109号的门口,钉了一块铜牌,上面刻着"1875年6月2日,电话机在此处诞生"。

科学小百科

其实,早在1856年,意大利发明家梅乌奇就在纽约的住所架设了史上第一台电话机,只是他筹备不到申请专利的250美元,所以只能将电话机专利拱手送给贝尔。2002年,美国国会通过议案,正式承认梅乌奇才是电话机的发明人。

延伸阅读

4月3日 您的手机已上线

火山英雄

在我们的脚下，越往地球深处，温度就越高，压力也越大。处于地下深处的岩浆，在巨大的压力作用下，有时会沿着地壳的薄弱处喷出来，这就是火山爆发，大自然最壮观的景象之一，吸引着无数科学家前往观测。

1991年6月3日，法国著名火山学家卡蒂亚和莫里斯夫妇登上日本的云仙岳火山。这是世界著名的活火山之一，它风景优美，背山靠海，在这里还可以眺望四周的火山群。夫妇两人走到最接近云仙岳火山口的地方，追寻火山活动的迹象。

让人意想不到的是，这一刻，平静了200年的火山突然爆发。汹涌的熔岩和四处溅落的火山灰，把整个地区变成了可怕的人间炼狱。

一刹那的惊诧之后，他们并没有惊慌失措，而是狂喜，这就是他们要寻找的时刻！火山爆发那一瞬间的前后到底发生了什么？有什么迹象？可以被预测吗？也许在这儿就能找到答案！

火山熔岩湖

在生命的最后一刻，他们仍在记录、摄像，在紧张而高亢的喊声和岩石的崩塌声中，做着播报。这一切，都被记录在了摄影器材中，成为后人研究火山的重要资料。

为了进行火山的观测与研究，很多火山学家像卡蒂亚夫妇一样献出了自己的生命，他们在灾难面前的镇定、勇敢，以及对科学事业的热爱，都激励着后来者，他们也成为人们心中永远的英雄。

科学小百科

火山喷发时，如果岩浆沿着地壳的线状裂缝流出，往往会形成宽广的熔岩高原，如东非高原。如果岩浆沿着地壳的中央喷出口或管道喷出，往往会形成高耸的火山山峰，如我国长白山的主峰、日本的富士山等。

倒霉的科学家让蒂

地球离太阳有多远？发现哈雷彗星"回归"规律的天文学家哈雷提出，如果能在地球上选定几个位置来观测奇特的金星凌日现象——金星在太阳前面经过时，会在日面上留下身影，就可以计算出日地距离。

金星凌日

1761年，科学家做好了充分的准备进行观测，他们奔赴全球100多个地点，但由于各种原因——战争、疾病、海难等，大家都失败了。科学家让蒂在海上遇见了金星凌日，但他在颠簸的船上根本没法进行测量计算！不过，科学家还有B计划——8年后，还有一次金星凌日！

8年很快过去了。

让蒂的日记

1769年6月4日

上午

早上醒来，艳阳高照，一如我的心情。等了8年，终于可以观测金星凌日了！

晚上

我太倒霉了！当金星从太阳表面经过的时候，一朵乌云飘了过来，在太阳前面停留了3小时14分7秒！等云开雾散时，金星凌日已经结束了！

我要吐血了！还是收拾东西回家吧。

让蒂前往最近的港口，但他途中患了痢疾，卧床一年。好不容易上了船，船又失事了！历尽千辛万苦，让蒂终于回到了家，但他悲哀地发现，自己已经被宣布死亡，亲戚夺走了他的财产。真是倒霉透了！

不过别的科学家收获颇丰。法国天文学家拉朗德通过这次金星凌日计算出，地球到太阳的平均距离略超过1.5亿千米——现在科学家得出的日地距离约是1.49597870691亿千米。人们终于知道自己离太阳多远了！

延伸阅读
10月10日 称一称地球有多重

看得见摸不着的全息投影

2015年春节联欢晚会上，歌手李宇春倾情演绎了中国风歌曲《蜀绣》。当时，春晚剧组利用全息投影技术"复制"出4个"李宇春"，伴随着音乐，"李宇春们"翩翩起舞，给观众带来了强烈的视觉震撼。这种成像仿真技术不仅能产生立体的"空中幻象"，还可以让表演者与"幻象"互动，一起完成表演，产生如梦似幻的舞台效果。

其实，这么酷炫的技术，早在1947年就有了。那一年，出生于1900年6月5日的匈牙利裔英国物理学家盖博，在研究增强电子显微镜性能时，偶然发明了全息投影。

顾名思义，全息就是全部信息，全息投影技术就是将被摄物体的全部光学信息，投射到特定屏幕或区域的一种投影技术，又被称为虚拟成像技术。它利用光的干涉和衍射原理，记录并再现物体真实的三维图像。下面我们看看它是怎么做到的吧！

全息投影

第一步，拍摄全息图。采用激光作为照明光源，将光源发出的光分为两束，一束直接射向感光片，另一束经被摄物体反射后再射向感光片。两束光在感光片上叠加产生干涉，这时感光片记录了拍摄对象的三维信息，这些信息就构成了全息图。

第二步，再现。全息投影仪通过光源将激光照射在全息图上，这束光的频率和传输方向与原来照射的光完全相同，将全息图投射到特定的区域，如舞台等位置，将原来拍摄的全息影像以三维立体的方式呈现出来。

延伸阅读

3月11日　为鱼打印一间房子

 **6月6日**

杂交水稻之父

2018年8月，酷暑难当，一位88岁的老人，又背着所有人，悄悄下田了。

这是他年轻时养成的习惯，他要亲自去试验田查看，才会放心。这位老人，就是杂交水稻之父——袁隆平。

袁隆平

1953年，23岁的袁隆平大学毕业后在农业学校教书。他下定决心要解决粮食问题，实现粮食增产，不让老百姓挨饿。于是，他利用课余时间进行农学实验。

一天，袁隆平偶然发现了一株"鹤立鸡群"的水稻，它的一支穗上竟有160多粒稻谷！他认定这种植株是提高水稻产量的关键因素，自此开始了他的杂交水稻之梦。

为了找到理想的稻株，袁隆平每天都手拿放大镜，一垄垄、一行行、一穗穗地观察，大海捞针般地在成千上万支稻穗中寻找。

经过10多年的探索、实验和研究，1974年，袁隆平的杂交水稻种子终于培育成功了！2年后，在全国范围内大面积推广种植，粮食增产20%左右。从此，杂交水稻开始大面积影响中国乃至世界的农业和粮食生产。

1981年6月6日，袁隆平获得中国第一个特等发明奖，名声大振。他并没有因此停下脚步，而是继续培育更好的品种。现在人们见到的，依旧是那个朴素但充满探索精神的老人。

哥德巴赫猜想

1742年，瑞士数学家欧拉收到了德国数学爱好者哥德巴赫6月7日寄出的信：

尊敬的欧拉：

我猜想：任何一个大于2的整数，都可以表示成三个质数之和。但是我证明不出来，特向您请教。

哥德巴赫

欧拉接到信后，开始试算：$16 = 2 + 3 + 11$，$23 = 3 + 7 + 13$，…接连几个数都满足这个猜想！于是欧拉开始研究这个问题。同年6月30日，哥德巴赫收到了欧拉的回信：

尊敬的哥德巴赫：

我发现您的猜想等价于另外一个版本：任何一个大于2的偶数，都可以表示成两个质数之和。虽然我不能证明它，但我认为这是一个完全正确的定理。

欧拉

欧拉一定想不到200多年过去了，仍然没人能证明哥德巴赫的猜想！20世纪20年代，数学家从组合数学与解析数论两方面分别提出了证明思路，并在其后的半个世纪里取得了一系列突破。目前最好的结果是中国数学家陈景润发表的陈氏定理。

科学小百科

哥德巴赫所在的时代，1被当成质数，不使用这个约定之后，哥德巴赫猜想现代的陈述为：任何一个大于5的整数，都可以表示成三个质数之和。

延伸阅读

10月23日　四色猜想

橘子还是甜瓜

牛顿认为，地球应当是赤道处稍微鼓起，两极稍凹一些。也就是说，地球居然不是滚圆的，而有些像橘子那样扁圆的！这立刻引起了争议。

当时，法国巴黎天文台的首任台长，出生于1625年6月8日的卡西尼提出自己的观点：地球的形状是两极鼓起，赤道稍扁，如果用水果比喻，只能比作长圆形的甜瓜或柠檬。

法国人在本土进行了几次测量，使他们更坚信卡西尼的观点。为了更有说服力，法国之后又派出三支测量队，分别前往秘鲁（近赤道）、拉普兰（近北极）和本土。但让他们大跌眼镜的是，经过10年的辛勤工作，结果居然证明卡西尼是错的，牛顿才是对的：两极的半径比赤道半径短21千米！

听到这个消息，法国启蒙思想家、大文学家伏尔泰诙谐地写道："巴黎人以为地球像甜瓜，可是两头被英国人削平了！"

科学小百科

卡西尼家族

卡西尼家族连续四代都是出类拔萃的天文学家，都担任了巴黎天文台的台长。第一代卡西尼（1625—1712年）是首任台长，他发现了木星表面上的大红斑以及那奇特的"带纹"，发现了土星的四颗新卫星，还发现了土星光环中间的一条暗缝，后称卡西尼环缝。为纪念卡西尼发现土星

"卡西尼号"正接近土星

光环的环缝，科学家把飞向土星的一颗太空探测器命名为"卡西尼号"，它携带着子探测器——"惠更斯号"。

延伸阅读
1月14日　最遥远的登陆

中国铁路的开端

每日新闻

1881年6月9日

一头长相怪异、浑身黝黑的"怪物"，响亮地打了个鸣，然后"呼哧呼哧"喷出巨大的白汽，向前走去。

这头"怪物"，是一个完全用废旧物资建成的火车头，锅炉中燃烧的煤为它提供了能量。这是中国第一台自制的蒸汽机车，它的英文名字是"Rocket of China"（中国火箭号）。

这是"中国火箭号"下地运行的第一天，正值蒸汽机车的发明人史蒂文森诞辰100周年。沿着坚硬的道路，工人开始铺轨。"中国火箭号"在已经铺成的轨道上运行，将新的碎石、枕木、铁轨运到日益往前延伸的前方。

这一天，中国第一条自建铁路——唐胥铁路开始铺轨。通车后，"中国火箭号"大展神勇，将唐山的煤源源不断地运往胥各庄运河码头。

不幸的是，"中国火箭号"很快成了顽固派的"眼中钉"。最后，清朝政府以"机车直驶，震动东陵，且喷出黑烟，有伤禾稼"为名，禁止使用蒸汽机车。

于是，让人啼笑皆非的事情发生了：唐胥铁路上的火车被迫改为骡马拖拽，几头骡马，拖拽着长长的运煤车，在铁轨上艰难地行驶。而后，因为运输需要和民众抗争，1882年，"中国火箭号"又重新疾驰。

虽然唐胥铁路仅长9.7千米，但它是中国的第一条自建铁路，上面行驶着中国自制的第一台蒸汽机车，它还确定了中国铁路的标准轨距，被后人称为"中国铁路建筑史的正式开端"。

延伸阅读
5月19日　西伯利亚大铁路

圆珠笔来啦

20世纪40年代，匈牙利记者拉迪斯洛·比罗写稿时，最常用的书写工具就是钢笔。但他在外面采访时，记录的东西一多，钢笔的墨水就不够用了。有时，笔尖还会堵塞，出不了墨水；有时，字一写上去，墨水就会晕开，造成字迹模糊。更让他伤脑筋的是，笔尖经常将纸划破。

于是，拉迪斯洛想研制一种更好用的笔。他首先想到，要是能把笔尖换成圆珠就好了。

拉迪斯洛的哥哥是一位化学家。他听了弟弟的想法后说："笔尖换成圆珠倒是不难，可是圆珠的周围要能漏出墨水才可以写字啊，而且这种墨水还不能太稀。这可不容易做到。"

拉迪斯洛开始处处留心。有一天，拉迪斯洛在一家报纸印刷厂看到一种速干油墨，几乎在瞬间干燥，不会留下污迹。他当即决定试试这种油墨。

经过反复试验，兄弟俩终于制成了世界上第一支圆珠笔。笔尖有一颗直径约0.1厘米的"小钢珠"，它由铬和钢的合金制成，非常耐压、耐磨。小圆珠在笔尖的窝里，如果笔尖滑过纸面，上面的小圆珠一滚动，就把顶在上方笔管内的墨水带到纸上。这个小圆珠是圆珠笔最大的特色所在。1943年6月10日，兄弟俩申请了圆珠笔专利。自此，圆珠笔进入了大众视野，逐渐成为人们日常的书写工具。

我们生活在空气之海的底部

17世纪，欧洲的一些矿井开始用活塞式抽水机抽水。为什么它能把水抽上来呢？当时人们的解释是，活塞上升后，水就跟上来，赶走活塞下的真空——也就是"自然界厌恶真空"。

1640年，意大利佛罗伦萨的郊外矿井需要抽水，工程师们发现，水只能上升到10米左右，就再也上不去了。按照"自然界厌恶真空"的说法，水应该可以无限上升啊！

托里拆利怀疑，是因为空气本身有质量，因而空气会产生压力使水上升。但要用10米高的水柱做实验太不方便了，那需要多大的实验室啊！于是他选用了密度是水13.6倍的水银，这样就可以大大降低液柱的高度。

托里拆利的实验笔记

我将一根1米长的玻璃管灌满水银，用手指顶住管口，将其倒插进装有水银的水银槽里。放开手指后，管内水银下落，但它下降至距槽内水银面76厘米时，就稳稳地停住了。我做了多次实验，结果都这样。

只要换算一下，就知道76厘米的水银柱产生的压力，正好和同样粗的10.34米水柱产生的压力相等。我认为维持水银柱不下降的，正是空气质量施加于水银槽面的压力，也就是大气压力。

1644年6月11日，托里拆利在给朋友的信中写下了这句著名的话："我们生活在空气之海的底部。"

实验中，还有一件让托里拆利兴奋的事，水银柱上端的玻璃管内出现了真空！这是世界上首次人工获得的真空状态，后来被称为"托里拆利真空"。这彻底推翻了亚里士多德"自然界厌恶真空"的错误观点。

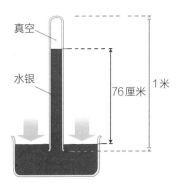

托里拆利实验

延伸阅读
9月19日 帕斯卡和大气压

自行车诞生

1815年4月，坦博拉火山爆发，这是有历史记录以来最大规模的火山爆发，7万多人遇难。

大量的火山灰和二氧化硫飘散到空气中，使1816年成为"没有夏天的一年"。气候异常导致全球范围内的饥荒。人都吃不饱，更别提养马了，大量马匹被杀，上了人类的餐桌。

饥荒也直接影响了德国护林员德莱斯的工作，他的任务就是看护森林，以前他都是骑马在森林里巡逻，没有马骑让他"举步维艰"，他因此产生了发明车子的念头。德莱斯用两个木轮、一个鞍座和一个安在前轮上起控制作用的车把，制成了一辆简易的自行车。

1891年的自行车

其实，德莱斯发明的这款自行车并不能"自行"，连脚踏都没有，更别提链条、刹车了。人坐在车上，全靠两脚蹬地驱动木轮前行，但还是比走路快多了。

1817年6月12日，德莱斯骑着自己发明的自行车，半小时走了约8千米。这是世界上自行车的首行，开启了自行车时代。

延伸阅读
10月7日　流水线

指纹断案

1892年6月，阿根廷的一个小镇上发生了一起命案。

小镇日报

　　超级惨案！6岁的男孩和4岁的女孩被杀死在卧室里，他们的母亲罗亚斯的脖子上被划出一道大口子，血流满地。罗亚斯说，一个名叫维拉斯奎兹的男子袭击了她，遭到她的反抗之后，男子夺门而逃。

　　"后来我才发现我的两个孩子死在房间里了。"罗亚斯掩面大哭，痛不欲生。

　　警察逮捕了该男子，但他不承认自己犯了如此罪行。不停审讯一周后，该男子还是坚称自己是无辜的。

　　到底是谁制造了这起惨案？

　　案件调查进入了死胡同。当地的一名警官正在研究人的指纹，他曾经提出，指纹可以作为破案的重要线索，但遭到同行的质疑。这名警官决定试一试，他派遣一名法医去现场提取指纹。

　　在孩子卧室的门把手上，法医找到了一枚带血的指纹，经过比对，这枚指纹居然是孩子母亲罗亚斯的！原来是母亲罗亚斯要和男友结婚，而这个男友不喜欢孩子，于是她杀了自己的两个孩子，自伤后嫁祸他人。

每个人的指纹都是独一无二的

　　1892年6月13日，此案正式开庭，罗亚斯承认了自己的犯罪事实，被判终身监禁。

　　这起命案调查开创了利用指纹识别侦查办案的先河，也促进了法医鉴定、法医分析学的发展。随着计算机技术的发展，指纹识别技术也逐步用于个人身份鉴定、安保体系等。

延伸阅读

4月20日　真假太子之谜

血型的发现

如果你穿越到19世纪初，并且有那么一点不走运，被马车撞到大出血，昏迷过去，那么醒来后，你会发现一件毛骨悚然的事：医生正在给你输羊血或狗血！这时，你一定想闭上眼睛，直接回到21世纪！

直到1818年，某位年轻的产科医生经过周密思考和系统的动物实验之后，总结出两项输血的基本原则：只能用人血，只能用于大出血而濒临死亡的人。

尽管这样，输血治疗还是有惊人的死亡率，很多人输血后因血液凝结而死亡。

"会不会是因为血液混合时发生了变化，受血者才会死亡？"出生于1868年6月14日的奥地利医学家兰德斯坦纳大胆推测。他取了22位同事的正常血液，把这22份血液经过处理，交叉混合后，发现有些人的血液放在一起会凝结，有些人的血液混合后红细胞破裂，有些则什么现象都没有。

真是奇怪！兰德斯坦纳将22人的血液试验结果做成表格，仔细分析，终于发现了血液的不同类型：A、B、O型。不同血型的血液混合就可能发生凝血、溶血现象。

后来，兰德斯坦纳和学生把试验范围扩大到155人，发现了第四种血型：AB型。至此，现代血型系统正式确立。

科学小百科

为鼓励更多的人无偿献血，更好地保障血液安全，2004年，世界卫生组织、红十字会等组织将兰德斯坦纳的生日——6月14日这一天定为世界献血者日。

延伸阅读
5月16日 用吞噬进行防御

闪电也是电

富兰克林

18世纪，带电玻璃球风靡欧洲。人们用这些带电物体相互电击，吸引羽毛之类的轻盈物体，使对方头发竖立。这也成为当时最流行的娱乐方式。

在一次"电的奇观"主题聚会上，科学家富兰克林——对，也就是那位参与起草并签署《独立宣言》和美国宪法的政治家，被电噼噼啪啪的声响和火花的形状吸引住了，他想到了天空中的闪电。它们是一样的吗？富兰克林决心找到问题的答案。

1752年的一天，有历史学家认为是6月15日，雷电交加，正是富兰克林要寻找的"最合适的天气"。

富兰克林和他的儿子威廉带着风筝和刚问世的莱顿瓶（一种可充放电的电容器），奔向郊外的谷仓。

富兰克林带的可不是一只普通的风筝，它用丝绸做成，顶端绑了一根尖细的金属丝，作为吸引闪电的"接收器"，金属丝连着风筝线，风筝线被打湿后，就成了导线；在风筝线的另一端系上丝绸，作为绝缘体，避免实验者触电；在绸带和风筝线之间，挂有一把钥匙，作为电极。

在儿子的帮助下，富兰克林将风筝放飞到半空中。随后，富兰克林注视着天空，等待合适的时机。当看到云层中隐现闪电时，富兰克林连忙将风筝线上的钥匙和莱顿瓶连接起来。连接后，莱顿瓶上电花闪烁，正在充电。事后，富兰克林运用收集到的闪电做了一系列实验，证明闪电和普通的电完全相同，闪电本质上就是电！

这个实验惊动了全世界，彻底击碎了闪电是"天火"的迷信说法。受这个实验的启迪，富兰克林通过把电"引走"，发明了避雷针。

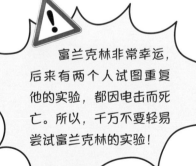

富兰克林非常幸运，后来有两个人试图重复他的实验，都因电击而死亡。所以，千万不要轻易尝试富兰克林的实验！

延伸阅读

3月20日 您的"电池三明治"上线

第一位女太空人

1961年，苏联航天员加加林首飞太空归来。女跳伞运动员捷列什科娃十分羡慕这位太空飞人，她梦想着自己也可以飞向太空。于是，她与同伴联名上书航天部门，要求培养女航天员。

捷列什科娃幸运地被选入首批女航天员队伍，经过一年多的严格训练后，她熟练地掌握了飞船的驾驶技术。

1963年6月16日，捷列什科娃穿上90千克重的航天服，乘坐"东方6号"飞船，成为太空旅行的第一位女性。

捷列什科娃

捷列什科娃的日记

地球太美了！我在宇宙中就像在自己家中一样。我几乎一点也没睡，因为我不想漏掉任何美景。

我怎么都看不够，于是向地面指挥中心请求延长在太空逗留的时间，这一请求得到了批准，我太开心了！

在这次太空旅行中，捷列什科娃驾驶飞船绕地球飞行了48圈，共飞行约70小时40分钟，航程200万千米。

返回地面时，万千群众用掌声和鲜花，祝贺她勇敢地完成了航天史上的一次壮举。为了纪念捷列什科娃，月球背面的一座环形山以她的名字命名。

科学小百科

中国首位女航天员：刘洋

2012年6月16日，随着"神舟九号"顺利升空，刘洋成为第一位飞天的中国女航天员。在航天任务中，刘洋主要负责航天医学实验和空间实验管理。

延伸阅读
6月20日　太空授课

氢弹爆炸

1952年11月的第一天，在太平洋马绍尔群岛的一个小岛上，直径约5000米的火球突然腾空而起，只听一声天崩地裂的巨响，火球消失，一团蘑菇形状的烟云上升。

"迈克"产生的蘑菇云

这次试爆的是世界上第一枚氢弹，代号为"迈克"，威力约相当于数百枚投向广岛的原子弹。在巨大的爆炸声中，整座小岛沉入太平洋深处，世界为之震惊。

科学小百科

氢弹利用原子弹起爆，原子弹爆炸产生的高温会点燃氢核燃料，使其发生核聚变反应，瞬间释放巨大能量。氢弹的威力比原子弹大很多，可达几百万到几千万吨级TNT当量！

从此，各国开始了研制氢弹的竞赛：苏联于1953年宣布氢弹试验成功，英国于1957年进行了氢弹爆炸试验。1967年6月17日，中国自己设计、制造的第一颗氢弹爆炸成功，中国成为世界上第四个掌握氢弹技术的国家。

太阳

氢弹的爆炸，标志着人类使用核裂变与核聚变巨大能量的时代到来。虽然氢弹看起来超级可怕，但你大可不必"谈氢色变"。你知道吗？正是因为氢核聚变反应产生的能量，才让太阳持续不断地发出光和热。现在，我们要做的就是，找到控制氢核聚变的方法，让它不会瞬间释放出所有能量。这样，人类就可以像利用太阳一样，利用它造福社会了！

延伸阅读
2月12日　向太阳挑战

《物种起源》问世

1858年6月18日，达尔文拿着刚收到的信，内心纠结。信是他的好朋友华莱士寄来的：

> 尊敬的达尔文先生：
>
> 　　随信附带的是我的论文手稿，如果您觉得有价值，能否转交给地质学权威莱尔爵士，帮助我发表吗？
>
> 华莱士

令达尔文震惊的是，华莱士论文概述的主题与自己研究了近20年的进化论如出一辙！这种相似简直不可思议。

"我从未见过如此巧合的事情。"达尔文沮丧地说，"华莱士的概括是如此精当，就好像他曾经阅读了我的手稿。"

原来，达尔文1842年就写了一篇1500字的提纲，提出了物种的自然选择思想——适者生存。该提纲一直尘封，直到后来，达尔文才开始将其扩充，准备打造成一部体系完整、严谨有序的著作。到1858年，这本著作才完成三分之二。

在朋友的提议下，达尔文向华莱士解释了面临的尴尬，提出共同宣布这一理论。华莱士欣然同意。于是，在1858年林奈学会的年会上，达尔文和华莱士同时发表了他们的研究。

1859年，达尔文正式出版了整理好的著作《物种起源》，提出所有生物都是由较早期、较原始的形式演化而来，在这个过程中"物竞天择，适者生存"。《物种起源》初版印了1250册，第一天上架就销售一空，书中丰富的实例、强有力的论证，成功说服了大量科学家接受达尔文和华莱士的进化论和自然选择的思想。

延伸阅读
5月25日　猴子审判

发现二氧化碳

伦敦公报

1739年6月19日

好消息！斯蒂芬斯夫人决定公开治疗膀胱结石的秘方。这可是价值5000英镑的药方，是斯蒂芬斯夫人为治疗首相及其兄弟的结石病开出的！配方由一份药粉、一份煎剂和几颗药丸组成。具体如下：

药粉成分：煅烧成灰的蛋壳和蜗牛。

煎剂制法：取若干草药加水煎煮（还需添入一种球丸，成分含肥皂和猪水芹，煮至焦黑，添蜂蜜制成）。

药丸成分：含煅烧蜗牛、野生胡萝卜籽、牛蒡子、桲豆荚、玫瑰和山楂，都烧至焦黑，添加肥皂和蜂蜜。

医学家布莱克，同时也是一位化学家，他想了解这种秘方起作用的原因和其中有作用的成分。在这个过程中，布莱克意外发现了二氧化碳——当时称为"固定气体"。

布莱克发现这种气体的性质与普通气体有很大的不同，燃烧的蜡烛在其中会迅速熄灭，动物在其中会死亡，看来它是气体家庭中的新成员！

就这样，二氧化碳正式进入了人类的视野。如今，二氧化碳在我们生活中的应用十分普遍，我们平常喝的汽水，如可乐、雪碧等，都是充入二氧化碳气体的饮料。

延伸阅读
8月13日 第三位小数的胜利
8月21日 死亡之湖

19

太空授课

"同学们，你们好！我是王亚平，本次授课由我来主讲……"

2013年6月20日，全国各地6000多万中小学生上了一堂别开生面的课——这堂课的讲台不在教室里，而是在距离地面大约300千米高的"天宫一号"上！

这是人类第二次太空授课。这堂课有哪些精彩内容呢？同学们，见证奇迹的时刻到了。

太空授课笔记

★ 太空的失重环境让航天员变成了"武林高手"。你可以做超级空翻，或是难度很高的杂技动作，比如，在失重环境下悬空打坐……

★ 单摆在失重状态下不再听话！把小球提起来再松手，小球没有落下去并来回摆动。而轻轻推一下小球，小球竟然绕着支架做起了圆周"飞行"。

★ 高速旋转的陀螺，在失重环境下也有很好的稳定性。

★ 水可以凝成球飘在空中，我们可以制作一个晶莹剔透的水球！

科学小百科

人类首次太空授课

2007年，美国教师芭芭拉·摩根在太空中的"奋进号"航天飞机上，为地面的18名中小学生上了一堂25分钟的太空课，通过视频展示了在太空中运动、喝水等情景。

延伸阅读
6月28日 在太空中待得最久的人

无字天书——冰芯

在地球的两极以及青藏高原等特殊地区，每年都会降雪，这些积雪不会融化，它们会沉积下来形成冰层。冰层逐年累积，就会形成冰原、冰川。

如果从这些地方的冰面上往下钻孔，采出冰芯样本来，科学家就能通过冰芯中的"蛛丝马迹"，了解其中隐藏了几万年甚至几十万年的气候秘密。

冰芯

科学家日记

2012年8月

今天，我们在北极地区钻探获得了一根350米长的冰芯，大家都兴奋极了！它记录着长达360万年的北极气候变迁史，就像一本无字天书一样，藏有地球气候变化的秘密。

当雪降落并堆积时，内部有一些气体。随着积雪逐渐变成冰层，雪中的一部分气体会变成小气泡"困"在冰里，与外部的大气完全隔离。经过漫长的岁月，这些气泡就成了"大气的化石"。因此，对冰芯进行研究，就可以了解地球过去气候与环境的奥秘，如气候湿润还是干燥等。

北极地区也曾气候温暖，分布着繁茂的丛林。是什么使得北极气候发生了这么大的变化？我已经迫不及待想看研究结果了！

2013年6月21日，科学家将通过冰芯分析得出的北极气候历史研究成果发表在《科学》杂志上。科学家希望，通过汇总所有的研究资料，形成全世界完整的气候变化模型。

科学小百科

科学家在南极肯考迪娅研究站设立了一个冰芯档案室。科学家把采集的冰芯封存在袋子里，然后放在10米深的巨大雪洞里，那儿的温度稳定在-50℃左右。

延伸阅读

2月6日 南极冰下湖

小地球试验

指南针是我国古代四大发明之一，以前在海上航行，到野外勘测，去沙漠探险，都离不开它。但你有没有想过，为什么指南针只指南北，不指东西呢？究竟是什么力量驱使指南针着魔般地指南指北呢？

老式航海指南针

1600年，英国女王伊丽莎白一世的医生吉尔伯特开始用实验的方法探索磁的性质。这一天，他又一手拿着指南针，一手拿着磁铁，陷入了沉思。吉尔伯特发现，一旦磁铁放置在指南针附近，指南针就不再指南北了，而是指向手中这块磁铁。

"莫非我们祖祖辈辈居住的地球也是一块磁铁？"

吉尔伯特眼前一亮："不妨用磁铁做一个小地球试试！"吉尔伯特找来一大块天然磁石，将其做成一个大磁球。然后，他把用铁丝制作的小磁针，放在大磁球附近。

吉尔伯特惊讶地发现，小磁针在大磁球表面的各种转动情况，与我们在地球上看到的指南针转动情况完全一样！

吉尔伯特把这个大磁球称为磁性"小地球"，这就是划时代的"小地球"实验。

1600年6月22日，吉尔伯特的《论磁铁》一书出版了，书中整理了他的实验发现，从理论上论述了指南针指向南北的原理。这本书被认为是实验科学的首批经典之作之一。

延伸阅读

6月1日　发现北磁极
6月8日　橘子还是甜瓜

破解费马大定理

1621年，法国大法官、大数学家费马，在看自己刚刚买到的丢番图的《算术》一书，书中写着："$x^2+y^2=z^2$ 有无穷多组整数解。"

这引起了费马的极大兴趣。验证之后，费马又试着去解 $x^3+y^3=z^3$，可是没有找到一组整数解。

经过推算，费马发现这个算式不可能有整数解。

丢开 $x^3+y^3=z^3$，费马又去寻找 $x^4+y^4=z^4$，…$x^n+y^n=z^n$ 的整数解，可惜都没有成功。于是费马提出猜想："对于 $n>2$，$x^n+y^n=z^n$ 方程不可能有整数解。"

这就是费马大定理。费马在书页上写道：我已经发现了这个命题的奇妙证明，可惜书页空白太窄，写不下。

费马没有写下证明，这更激发了许多数学家对这一猜想的兴趣，但大家都被难住了。

1850年，巴黎科学院曾以3000法郎的奖金征求证明，无人能解。1908年，德国科学家又悬赏求解，仍无人领赏。

1963年，英国10岁的少年怀尔斯从一本书上看到了费马大定理，便下定目标解决猜想。30年后，1993年6月23日，怀尔斯在英国剑桥大学的国际数学会议上，宣布了自己的成功。不过好事多磨，评审发现了怀尔斯证明中的错误。不过怀尔斯并没有放弃，采用了本来被他丢掉的方法，最终证明了费马大定理，摘取了悬置300多年的桂冠。

延伸阅读
6月7日　哥德巴赫猜想

看不见的危险

你知道吗？航天员在太空旅行中面对的最大威胁，并非乱跑的小行星或传说中的怪兽，而是宇宙射线。什么是宇宙射线？它又是怎么被发现的？这要从200多年前说起了。

18世纪末，科学家发现，带电物体放置一阵后，就会逐渐失去电荷。但带电物体除了空气外，并未接触其他物品，而一般情况下，空气是良好的绝缘体，这是怎么回事呢？

后来，科学家发现，带电物体离地面越高，越容易失去电荷。出生于1883年6月24日的物理学家赫斯决心找出答案。1911年至1922年间，赫斯多次冒着生命危险，乘坐热气球到高空进行测量。赫斯发现，在距离地面5.3千米处，物体失去电荷的速度居然是地面的9倍！

是因为太阳吗？赫斯又在夜晚升空，但结果是相同的。经过研究，赫斯认为应该是有一种辐射使高空的大气电离出带电粒子，加快了物体放电的速度。而且这种辐射不是来自太阳。于是，赫斯向世人宣告："一种辐射自宇宙的四面八方向地球袭来。"科学家将这种辐射称为"宇宙射线"。

不过，你不用怕，在大气层的保护下，宇宙射线一般不会对我们的身体造成伤害。但在大气层以外，宇宙射线辐射强烈，人在强烈辐射中暴露久了，很容易引起细胞病变，从而可能威胁生命。

于是，科学家仿照大气层起到的保护效果，给飞船穿上"外衣"——在其最外层涂上防护材料，阻断大量的宇宙射线。这样，宇宙中的航天员就不用担心啦！

延伸阅读
8月2日 小行星来袭

两弹元勋

20世纪50年代，新中国刚刚成立，积贫积弱，在国际上被人瞧不起。不过，一群留学在外的知识分子毅然回国，立志报效祖国。

出生于1924年6月25日的邓稼先就是这群留学生中的一位，在获得博士学位后第9天，他冲破重重阻挠，谢绝了导师的好意挽留，和另外190多名中国留学生及学者一道，乘船辗转回国。

此时，中国的原子能理论研究基本空白，原子能事业被排上了新中国建设的时间表。最初的计划是向苏联专家学习，走仿制的道路。但1959年6月，苏联政府撕毁协议，撤走了全部专家和资料。

制造原子弹的艰巨任务落在了邓稼先和一群年轻的大学生身上。这群大学生谁也没见过原子弹长什么样，多数人连听都没听过，一切都要从零开始！

可正是这样一群人，在邓稼先的带领下，凭着他们的聪明才智和不怕艰苦的精神，白天时间不够用，晚上挑灯夜战，一周六天干不完，星期天也不休息。

1964年10月16日，新疆罗布泊的戈壁荒漠上，随着起爆零时的到来，一道强光闪过，巨大的火球腾空而起，直冲云霄，好像升起了半个太阳。数秒后，一声天崩地裂般的惊雷震响长空，气浪奔涌……

原子弹爆炸成功了！邓稼先与战友们纷纷跑出地下室，大家相互拥抱、跳舞，有的人甚至在地上打起了滚。

随后，邓稼先等人又以惊人的速度成功研制了氢弹。邓稼先对中国核科学事业做出了伟大贡献，被誉为"两弹元勋"。

我国第一颗原子弹爆炸成功

延伸阅读
6月17日　氢弹爆炸

条形码现身

1974年6月26日上午，美国俄亥俄州的马什超市刚刚开门，一位顾客就从货架上拿了10包口香糖，准备结账。

与往常不同的是，收银台边多了一个看起来有些奇怪的工作台，而收银员拿起扫描器，对准口香糖包装上的条形码，嘟的一声过后，价格在电脑上立即显示了出来！"请付67美分。"收银员笑着说，接着顾客付钱，打印收据——时间定格在8时1分。

这是历史上第一次扫描条形码付款，扫描的这包口香糖如今被放在美国历史博物馆展览。

随着经济的发展，几乎所有行业都需要一种迅速读取数据的方法，条形码在1952年便应运而生。20世纪70年代，激光技术日渐成熟，条形码得以大规模商用。

二维码

现在，从食品到日用品，从衣服到书籍，条形码随处可见。相信你一定见过它！

而在条形码，也就是一维条码的基础上，扩展出了我们现在经常见到的二维码，也称为二维条码，它可以存储更多信息。

科学小百科

多个黑条和空白，按照一定的编码规则排列，就形成了条形码。别看它简简单单，却记录着商品名称、生产地、制造厂家、生产日期等信息。

当激光照在条形码上时，黑色部分吸收光线，白色部分反射光线，扫描器利用这种原理，读取商品信息。据统计，现在人们每天要扫描约50亿次条形码。

延伸阅读
3月6日 太阳也有"条形码"

睡　人

> 她梦到自己变成一座活着的、有感觉的石头雕像。她梦到死亡，但和真正的死亡又不一样。第二天醒来，她透过镜子，发现自己的梦变成了事实。
>
> ——摘自《睡人》

1973年6月27日出版的《睡人》一书讲述了发生在20个"睡人"——强直性昏厥症患者身上的真实故事，描述了一种很多医生闻所未闻的疾病。虽然《睡人》是一本病案记录，但作者萨克斯把这些病案描写得绘声绘色，生动活泼。《睡人》创造了一种新的文学体裁，更成为一本畅销书，它后来被改编成剧本，拍成电影，引起了轰动。

萨克斯是一名临床经验丰富的脑神经学家，多年来，他从来没有停止对患者精神世界的探索，对患者充满了尊重和爱。他以充满人文关怀的笔触，将脑神经病人的临床案例，写成一个个深刻感人的故事。《错把帽子当太太的人》描述了一位患视觉失认症的男人为自己视觉辨认不清反复挣扎的故事，《火星上的人类学家》描述了一位高功能自闭症的教授……

萨克斯唤起了人们的同情与关爱，他的作品扩展了人们对神经科学的认识，被书评家誉为难得一见的"神经文学家"，被《纽约时报》誉为"医学桂冠诗人"，也被称为"神经医学科普之王"。

6月28日 在太空中待得最久的人

2015年6月28日，俄罗斯航天员帕达尔卡，打破了此前保持了10年的纪录——803天，成为太空停留时间最长纪录的最新保持者。没错，帕达尔卡一共经历5次太空之旅，足足879天！

帕达尔卡的5次太空之旅

1998年，首次飞上太空，目的地是"和平号"空间站，太空飞行近199天。
2004年，目的地是国际空间站，太空飞行约188天。
2009年，目的地是国际空间站，太空飞行近199天。
2012年，目的地仍是国际空间站，太空飞行125天。
2015年3月，第5次太空之旅。

人类可以在太空停留多久？这是一个很重要的问题。因为未来我们会登陆火星，乃至飞向更加遥远的深空，我们必须了解人体是不是能适应长期的太空飞行。

想象一下，茫茫的太空浩渺无边、寂静无声，在偌大的太空里飘荡会是多么冷清孤单。航天器的空间又那么小，怎样才能让自己保持心情愉快呢？

在国际空间站里，来自不同国家的航天员们会想方设法让太空生活变得趣味盎然。大家会用水果玩马戏团小丑扔彩球的

把戏，还会利用吸尘器的原理给彼此剪头发，也会一起庆祝生日和节日。有一次，他们还用锡箔纸为女航天员做了一条漂亮的裙子！

延伸阅读
9月16日 "百年星舰"计划

在太空握手

1995年6月，载有7名航天员的美国"亚特兰蒂斯号"航天飞机升空，开始追赶俄罗斯"和平号"空间站。41小时之后，"亚特兰蒂斯号"以每秒不超过3厘米的速度靠近"和平号"……

5，4，3，2，1，对接成功了！时间定格在1995年6月29日13时。100吨重的航天飞机与123吨重的空间站对接之后，组成了当时世界上最大的人造太空物体。它们在预定的轨道上，以相对地面2.8万千米/时的速度飞行。

"亚特兰蒂斯号"为"和平号"带来了200千克食物、衣服和实验用品，还送来了51千克空气！之后，来自美国、俄罗斯、加拿大和德国的航天员们，开展了一系列空间医学实验。

7月7日，"亚特兰蒂斯号"返回地面，带回了"和平号"上的部分实验标本。而"和平号"空间站，则带着航天飞机补给的资源继续飞行。

这次合作的成功来之不易。回首历史，美俄上次实现航天器之间的对接，还是在1975年。不过，科学是没有国界的，现在，人类在空间活动中的国际合作正成为一种趋势，越来越受到世人的瞩目。

"和平号"与"亚特兰蒂斯号""握手"瞬间

延伸阅读

8月28日 太空漂流记

时间居然变慢了?

伯尔尼钟楼

一天,爱因斯坦坐在公共汽车上,回头看到瑞士首都伯尔尼著名的钟楼,开始想象:如果公共汽车以接近光速前进,将会发生什么?

光那么快,可不容易赶上。如果提高速度继续追赶,和光的距离会越来越近,那么很快就达到和光一样的速度——现在就和驾着光行走一样了!

爱因斯坦沉浸在自己的想象里,脑海中的情景让他大吃一惊,当他的速度达到光速时,钟楼上时钟的指针仿佛被冻结在时间里了!

"这一刻,脑海中卷过暴风,我突然间豁然开朗,一切都泉涌而来。"爱因斯坦激动极了!

爱因斯坦知道,钟楼那儿的时间仍正常流逝,只不过,当公共汽车达到光速的那一刻,钟楼发出的光就没法赶上他了,他所看到的时间便冻结了。这一幕想象触发了爱因斯坦狭义相对论的诞生。

1905年6月30日,爱因斯坦发表题为《论运动物体的电动力学》的论文,提出了"狭义相对论"。下面,就让我们看一看狭义相对论有多酷吧!

你的速度越快,时间就过得越慢!

不过,可不要因为这样就使劲奔跑或是拼命开车哦。因为,以这样的速度前进,几乎显现不出时间的变化。这种效果在接近光速的时候才最明显!

你的速度越快,距离就会越短!

如果你乘坐速度为0.999999999999999倍光速的火箭,到离我们地球最近的星系——大犬座星系旅行,地球到大犬座星系的实际距离2.5万光年就缩短为0.01125光年。那么,大约只需4天,你就可以到达大犬座星系!

当然,这只是在火箭上的你感觉到的距离和时间,当你到达大犬座星系的时候,地球上的时间其实已经流逝了2.5万年!

延伸阅读

11月25日 广义相对论的N种打开方式

海上凶神

18世纪航海家日记

1746年

　　我现在在船上，茫茫大海中没有上岸的地方，我只能吃黑面包和咸鱼。可怕的是，"海上凶神"悄悄地降临了。这是船员们最容易得的一种怪病，船员先是感到浑身无力，接着全身出血，最后慢慢死去。没人知道病因。

　　船队才航行不到一半的路程，已经有十几个船员病倒了。不知道哪一天厄运会降临到我身上。

　　那年夏天，在开往格陵兰的一艘西班牙船上，又有3位船员被"海上凶神"折磨得奄奄一息。这3位船员宁可死在陆地上，也不愿死后葬身鱼腹。于是，3位船员被送到途经的一座荒岛上。

　　秋天，返航的商船再次路过这座荒岛时，3个蓬头垢面的人突然从岛上的丛林中跑出来向商船呼救，正是那3位船员！

　　原来，这3位船员来到岛上后，很快把留下的食物吃光了，后来只好采些野果吃。没想到，身上奇怪的病竟然慢慢好了！

　　"难道秘密在野果里面？"经过研究，科学家发现这些野果和其他一些水果、蔬菜中都含有一种物质，正是这种物质救了那些船的生命。

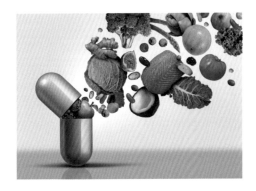

　　1911年7月1日，波兰生化学家冯克建议：将包括这种物质在内的一系列在动物与人类的饮食中不可或缺的有机化合物命名为维生素，也就是"维持生命的要素"。

　　而所谓的"海上凶神"，其实就是坏血病，是人体内长期缺乏维生素C引起的疾病。岛上野果中就含有维生素C，当身体补充了适量的维生素C，坏血病就会不治而愈。

预言家哈雷

1682年，一颗彗星出现在英国的夜空，引起人们的恐慌。

不同地区的古老文明对彗星的解读不同，但有一点相同，彗星都意味着厄运——对古代中国人来说，彗星是扫把星，拖着长长的扫把，意味着灾难；对东非的马赛人来说，彗星意味着饥荒；对南非的祖鲁人来说，彗星意味着战争；而对古代欧洲人来说，则意味着瘟疫。

根据牛顿的理论，天文学家哈雷对1337年到1682年间24颗彗星的运行轨道及出现时间进行了分析。哈雷发现，彗星被太阳束缚在椭圆的轨道上，而且，1682年出现的那颗彗星与1531年、1607年出现的彗星的运行轨迹十分相似。

等一下，这些年份的数字似乎隐含着某种规律！

1607-1531=76

1682-1607=75

这3颗彗星出现的时间间隔几乎一样！难道这3颗彗星并不是3颗不同的彗星，而是同一颗彗星3次经过地球？

这颗彗星是不是还会再次经过地球呢？一番思考下，哈雷做出了惊世预言：1758年，这颗彗星会再度出现！

果然，在哈雷逝世16年后的1758年，这颗彗星又一次出现在英国的夜空中。此后，科学界将这颗彗星命名为"哈雷彗星"，它每隔约76年就要光顾地球一次。下一次到访日期是2061年。所以，现在把这个日期记到日记里，提醒自己到时去看哦！

1985年7月2日，欧洲发射"乔托号"探测器，对哈雷彗星进行近距离观测，揭开了这颗人们观察数百年的彗星的神秘面纱。

延伸阅读

6月4日　倒霉的科学家让蒂

3月27日　生命源自"脏雪球"？

核磁共振，扫描开始！

你知道吗？水分约占人体总质量的三分之二，且人体各个器官、组织所含的水分也彼此不同。很多病症，也会导致细胞的含水情况发生变化。

"能不能用水作为主要的检测物来检查人的身体呢？"美国医生达曼迪恩这么想。

同行觉得这个想法简直是天方夜谭，这怎么可能呢？但达曼迪恩没有气馁，他花了7年时间，终于制造出第一台核磁共振成像仪，实现了检测人体中水的想法，这台仪器被称为"硬骨头"，因为搞定这台仪器实在太难了！

1977年7月3日，"硬骨头"首次用于人体扫描。比起现在的仪器，"硬骨头"笨拙极了，花了5小时，才出了一幅简单模糊的图像！

不过可别因此小看了"硬骨头"，这是一个了不起的发明。"硬骨头"在无创伤情况下，获得人体内部的扫描图像，是一个特别安全的检查方法。

现在，核磁共振成像技术逐渐发展成熟，越来越多地运用到医学中。

核磁共振成像技术大揭秘

检查时，病人躺在一个中空大磁铁的"肚子"里。仪器启动后，在磁场的作用下，人体内的氢原子核（大部分在人体内的水分子中）就会像小磁铁一样，按一定方向排列。此时，核磁共振成像仪发出一束射频信号，氢原子核便吸收其中频率与自己振动频率相同的信号，发生共振。撤去射频信号后，氢原子核便释放出一定频率的电磁波并被仪器收集，计算机分析这些释放的电磁波，就可以绘制被扫描组织的横截面图像。

向彗星开炮

2005年7月4日，已经在太空中飞行4.3亿千米的美国"深度撞击号"探测器，终于追上了它的目标——坦普尔1号彗星，准备向它"开炮"。请看前线发回的报道：

> "深度撞击号"探测器扔出了它的"炮弹"——一个书桌大小的铜质撞击器，"炮弹"以超过20千米/秒的极高速度，向彗星的中心——彗核猛烈出击，瞬间产生了剧烈的爆炸闪光。测算显示，这次爆炸的威力等同于近5吨的TNT炸药！
>
> 撞击后，大量的尘埃碎屑从彗核上抛射出来，遮蔽了整个视野。所以，现在还难以辨认在彗核表面上有没有形成撞击坑。请关注后续报道。

你一定很疑惑，为什么这个探测器要这么做？原来，彗星是太阳系诞生之初形成的古老天体，这次"开炮"的目的是为了窥探彗核的内部结构，寻找和研究太阳系形成时的冰冻残留物，从而发现太阳系和生命起源的线索。

直到2011年，人类探测器再次飞过坦普尔1号彗星，才最终确认彗星表面被撞出了约足球场大小、10层楼深的凹洞！

别看这次爆炸威力那么大，科学家指出，这次"开炮"就好比让一只蚊子冲进一架飞机，摧毁彗星的可能性很小，丝毫不会改变彗星原有的运行轨道。所以，你不用担心彗星撞击后可能飞向地球啦！

科学小百科

"深度撞击号"是人类历史上第一艘彗星撞击器，包括两部分，一部分是撞击器，任务就是撞击彗星，而另一部分是母船，任务则是在撞击器撞击彗星的过程中拍摄整个过程。

延伸阅读
11月12日 登陆彗星

7月5日

最有名的UFO事件

1947年7月5日，一夜暴风雨过后，美国罗斯威尔的一位农场主查看羊群情况时，发现农场的地面上，有许多发光的碎片，不像金属，不像塑料，不像陶瓷，也不像木块——总之，他不认识这是什么东西。第二天，他把这些碎片交给当地警长。

随后，7月8日，离农场5千米的荒地上，一位土木工程师声称，他发现了一架金属碟形物的残骸，直径大约9米。里面有死去或重伤的似人一样古怪的东西：身材瘦小，体重只有18千克，没有毛发、大头、大眼、小嘴巴，穿着整件的紧身灰色制服。

报纸很快刊登了这则消息：

每日新闻

在罗斯威尔，一位农场主发现了不明坠毁物。空军认定是飞碟（一种UFO*），并直接采取了行动。

现在，飞碟残骸已经回收，正由专人送往更高一级的总部。至此，有关飞碟存在的大量传闻已被证实。

*UFO，即不明飞行物，是指来历不明、性质不明，飘浮及飞行在天空的物体。

但是，6小时后美国军方又转了口风："根本没有飞碟这回事。坠毁的物体只不过是带着雷达反应器的气象气球而已，人们看到的外星人是实验用的假人。"

军方的解释变得太快，反而让人有些怀疑他们在掩盖什么，人们的好奇心更强了。这次事件后，人们对外星生物、UFO更感兴趣。罗斯威尔也被UFO研究者推崇为研究"圣地"之一。

黑色审讯

法庭记事

1755年7月6日，一名叫詹克斯的犯人受审，看热闹的人把审判大厅挤得水泄不通，空气污浊不堪。几天后，詹克斯被判割掉双耳。

这是一起很普通的审讯。但奇怪的是，从审讯这天开始，近40天内，很多人陆续发烧、头疼，身上起了红色的斑疹，包括首席大法官、首席警长、审记员，还有陪审团的成员，共有300多人陆续死去。

这就是英国历史上有名的"黑色审讯"事件，全英国为之震惊。有人认为是污浊空气引起的传染，也有人认为是犯人传染的疾病。因为病人身上都长了红色的斑疹，所以这种病被称为斑疹伤寒。

斑疹伤寒的另外一次大流行，是在1812年。那年，拿破仑率近60万大军进攻俄国。在攻打莫斯科期间，大军里流行起了斑疹伤寒，很多士兵死亡，拿破仑不得不撤兵回国。

斑疹伤寒究竟是通过什么途径传播的呢？为什么在监狱或兵营里传播得这么快？法国细菌学家、寄生虫学家尼科尔揭开了谜底，是病人身上的虱子在传播这种疾病！在"黑色审讯"100多年后，罪魁祸首找到了。

尼科尔要求病人住进医院时要脱光衣服、理发和洗澡，换上医院消毒过的衣服。这一措施非常有效，在医院内部的斑疹伤寒传染很快就停止了。

科学小百科

美国科学家立克次为了找到预防这种病的办法，不幸感染上斑疹伤寒去世。后人为了纪念他，把引起这种病的病原微生物叫作"立克次氏体"。

延伸阅读

4月5日 从此，医生穿上了白大褂

让光无法逃出

1870年的一天，英国物理学家丁达尔到英国皇家学会的演讲厅，讲解光的全反射原理。丁达尔做了一个简单的实验，在装满水的木桶上钻了一个孔，然后用灯从桶上边把水照亮。结果让观众们大吃一惊！人们看到，发光的水从水桶的小孔里流了出来，水流弯曲，光也跟着弯曲，光居然被弯弯曲曲的水俘获了！

实验现象大揭秘

当光由水射入空气的入射角度大于48°时，光将无法"逃出"水面，光在界面处被完全反射，即发生了全反射现象。在弯曲的水流里，光在内表面上发生了多次全反射，所以看起来光走的是弯路。

后来，人们造出一种透明度很高、像蜘蛛丝一样的玻璃纤维，当光以合适的角度射入玻璃纤维后，光就沿着弯弯曲曲的玻璃纤维前进。由于这种纤维能够用来传输光，所以它被称为光导纤维，简称光纤。利用光导纤维进行的通信叫作光纤通信。

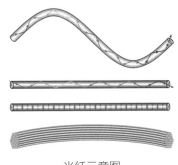

光纤示意图

没有光纤，就没有如今蓬勃发展的网络与各种应用。而让这一切成为可能的，就是被称为"光纤通信之父"的华裔科学家高锟。

1966年7月7日，高锟与英国电气工程师哈可汗发表论文《光频率的介质纤维表面波导》，首次从理论上论证了利用玻璃纤维实现光通信的可能性，成为当今光纤通信的理论基础。

光纤通信改变了世界，也改变了人们的日常生活。我们浏览网页、上传照片、看网络视频，这些内容都是化为0和1的数字信号，通过光纤为骨干的基础网络传递的。光纤是20世纪人类最重要的发明之一。

延伸阅读
9月15日　信息高速公路

"冰冻方舟"计划

大猎杀过后，这里已经看不到什么活的旅鸽了。很多人骑着马，赶着大车，带着枪支弹药，在周围安营扎寨。两个走了几英里赶来的农夫，驱赶他们的几百头猪，来吃这些被猎杀的旅鸽。四处都是给死旅鸽拔毛的人，拔完毛就把旅鸽用盐腌渍起来。

——画家奥杜邦

画家奥杜邦描述的旅鸽，曾经是一种非常快乐的鸟，喜欢成群旅行。有时，旅鸽群的数量会超过1万只，炎炎夏日，你肯定最喜欢旅鸽群从你头顶飞过，因为它们会变成一片"移动的云"，把你头顶的阳光遮住！

旅鸽

可是，现在的人们再也见不到这种漂亮的、与人类亲近的鸟了，这种快乐的鸟在人类的大规模猎杀中灭绝了。其实，不止旅鸽，越来越多的证据显示，由于气候变化、人口快速增长、农业生产对土地的过度需求等，全球动物正面临第6次大规模灭绝——这是自恐龙灭绝之后，地球面临的又一次大规模的物种灭绝潮！

为了应对这场危机，人们发起了"冰冻方舟"计划。2009年7月8日，这项计划开始实施，搜集的濒危动植物物种被运往英国的"冰冻方舟馆"，在这里，濒危动物的基因样本被封冻保存，以便将来有一天，可以利用这些样本，克隆已经灭绝的动物。

科学小百科

在西方传说里，"诺亚方舟"按一雌一雄收留所有的动物物种，在灭绝世界的大洪水灾难过后，将它们重新放回自然，繁衍生息。现在，"冰冻方舟"做的就是同样的事，计划的名称也由此而来。

延伸阅读
3月26日　保护濒危动物

理发师悖论

某个村子里，一位理发师的生意要开张了："本人理发技艺十分高超，也十分有原则。我将为所有不给自己理发的人理发，我也只给这些人理发。欢迎大家来理发！"

来找这位理发师理发的人络绎不绝，自然都是那些不给自己理发的人。可是，有一天，这位理发师发现自己的头发长了，他本能地抓起了剪刀。

突然，理发师愣住了，他想到了自己的原则——他只为所有不给自己理发的人。理发师该不该给自己理发呢？如果他给自己理发，他就属于"给自己理发的人"，根据原则，他就不能给自己理发。但如果他不给自己理发，他又属于"不给自己理发的人"，根据原则，他就要给自己理发。理发师顿时不知道自己该怎么做了，他陷入了一个悖论当中。

这是罗素在1901年提出的"罗素悖论"一个通俗的例子。别小看这个滑稽的例子，"罗素悖论"蕴含的逻辑问题震撼了当时的数学基础，加上其他一些数学新理论的出现，引发了数学史上的第三次数学危机，甚至震动了科学界，挑战了当时科学大厦已基本建成的认识。

科学小百科

1955年7月9日，罗素在英国伦敦举行新闻发布会，公布了《罗素–爱因斯坦宣言》，概述核战争的危险，恳请世界各国政府和人民，不要让人类文明被人类的愚蠢行为所毁灭。11位著名科学家，包括爱因斯坦，在宣言上签名。

延伸阅读
11月4日　取胜的策略

坐好，看直播啦

球迷日记

1962年6月

今天是世界杯总决赛的日子，巴西队对战捷克斯洛伐克队，比赛肯定非常精彩。这次的世界杯在智利举行，作为一个欧洲人，好希望有一颗魔法球，让我亲眼目睹比赛的盛况啊！虽然我知道，比赛实况会录制成录像带，再空运过来在电视台转播，但那已经是第二天了！

很快，这位球迷的"魔法球"就可以变为现实了！1962年7月10日，世界上第一颗具有将电视信号进行越洋转播能力的通信卫星——"电星一号"卫星发射升空，它的形状像一个大圆球，直径近1米。当天，法国的观众就实时看到了美国地面上飘扬的美国国旗！

"电星一号"卫星

在"电星一号"运行期间，它成功转发了电视图像、电话、电报，完成了首次跨大西洋电视直播。尽管这颗卫星每次最多只能进行18分钟"直播"，但它正是今天覆盖全球的通信卫星网络的开端。"电星一号"一直运行到1962年底，由于太空辐射，"电星一号"上的电子设备发生故障，最终结束了工作。

"电星一号"卫星带来了人类对于未来卫星通信的广阔想象，很快就抓住了全世界的眼球，人类逐渐进入卫星通信时代。今天，全球的观众都可以通过网络或电视，实时观看比赛了！

科学小百科

通信卫星像一个国际信使，收集来自地面的各种"信件"，再"投递"到另一个地方的用户手里。由于通信卫星"站"在约36000千米的高空，所以它的"投递"范围特别大。

延伸阅读

1月18日 "墨子号"与量子通信

遇见尼安德特人

大学教授福罗特的日记

1856年

前几天，几位工人拿来一个头盖骨和几块四肢的骨头，这是他们在德国尼安德特山谷的一个石灰岩采石场发现的。这是人的骨头。不过这些骨头很奇怪，头盖骨有突出的眉脊，也许来自一个畸形人？我留下这些骨头，准备找解剖学教授看看。

解剖学教授也认同福罗特的想法，这是佝偻病患者的骨头。但随后在其他地方，人们也发现了类似的骨头。这就奇怪了，为什么佝偻病患者会集体出现呢？

法国古生物学家鲍尔给出了解释，这些骨头不是来自患者，而是来自一个特殊的人种——尼安德特人，一个向现代人进化的古人种。研究表明，尼安德特人具有粗壮的骨骼和智人的头脑，但现在他们去哪儿了呢？

瑞典生物学家帕博认为，尼安德特人与人类拥有同一个祖先，是人类的同胞兄弟。1997年7月11日，帕博团队把研究结果发表在《细胞》杂志上：尼安德特人的DNA与人类的DNA有99.5%是相同的。之后，他又发现，现代欧洲人携带的基因中约有4%遗传自尼安德特人。

当尼安德特人遇见智人之后，究竟发生了什么？未来，还有很多疑点等着我们解开。

科学小百科

世纪悬案——尼安德特人灭绝之谜

大约6万年前，智人离开非洲大陆，于4万多年前在中东地区安顿下来，之后占领本属于尼安德特人采集狩猎区的欧洲。此后1.5万年，尼安德特人消失得无影无踪。究竟发生了什么？如果有一个聪明的侦探在，那么他可能会指出：智人涉嫌谋杀！

延伸阅读
7月17日 我们从哪儿来

 **7月12日**

两位科学家的友谊

玻尔

1922年，爱因斯坦来到丹麦哥本哈根。丹麦物理学家玻尔到车站迎接这位仰慕已久的大师，两人搭上电车回家，结果在车上讨论得太投入了，竟然坐过了站！他们只好下车搭相反方向的电车，没想到又坐过头，如此来回几次。但他们一点也不在意，因为两人聊得实在太开心了！

真是美好的时刻！那一年，他们一起领了诺贝尔奖：玻尔领的是1922年的奖，而爱因斯坦却是补领上一年就该拿的奖。

爱因斯坦提出光子假设，成功解释了光电效应——在一定频率光的照射下，金属或其化合物表面会发出电子，因此获得了1921年的诺贝尔物理学奖。玻尔吸收了普朗克和爱因斯坦的光量子理论，从1913年7月12日起，一连发了三篇论文，挽救了老师卢瑟福的原子模型，卢瑟福的原子模型有一个问题：绕行的电子为什么不会因为辐射而逐渐失去能量，最后坠落到原子核？玻尔因解决这项问题提出的原子模型理论获得了1922年的诺贝尔物理学奖。

不过，当玻尔继续在量子力学的世界徜徉时，爱因斯坦却不肯接受量子力学。两人分别代表量子力学和相对论阵营，只要见面，就会唇枪舌剑，辩论不已。但长期论战丝毫没有影响两人之间的惺惺相惜，他们互相尊重，是极为要好的朋友。

科学家速写

玻尔是哥本哈根学派的创始人，这个学派为量子力学的创立和发展做出了杰出贡献。有一天，有人问玻尔："您创造了一个一流的物理学派，有什么秘诀？"不料，玻尔回答说："因为我不怕在学生面前显露我的愚蠢。"

延伸阅读 ➡
11月30日 薛定谔的猫

性急的年代

你一定听过"人工智能"这个词，你知道吗？"人工智能"最早在1956年就被提出了。1956年7月13日，一群科学家在达特茅斯学院举行讨论"人工智能"的暑期会议。

"今天我们来讨论如何让机器解决目前只能由人类解决的问题吧！不如我们就把这类研究称为'人工智能'？"会议的灵魂人物麦卡锡说。

就这样，"人工智能"这门学科诞生了。麦卡锡预言，10位专家经过夏季2个月的闭门研讨，可以解决其中一个或多个问题。如果精心遴选一群科学家，经过一个夏季的协作，上述问题会取得重大发展。

没想到，60多年后，有关"人工智能"的许多问题仍在实现的路上。现在看来，当时真是一个性急的年代！

科学小百科

现在的人工智能大多只能干一件事，比如有些只会下棋、有些只会唱歌，它们不需要像人类一样会多种技能，只要能完成特定任务即可，属于弱人工智能，而能使机器达到甚至超过人类智力水平，处理多种不同任务的技术叫强人工智能。目前，几乎所有的人工智能系统都是弱人工智能。

延伸阅读
3月9日　世纪人机大战

43

黑洞历险实验

实验器材:

一块在很远处也能看清楚的大钟表。

一个机器人,它不介意掉进黑洞。

至于你自己嘛——你自己一定要远离黑洞,离开几百亿千米应该足够了。

实验步骤:

1. 机器人拿着大钟表,走向黑洞的边界。

2. 观察大钟表。当机器人离黑洞越来越近时,你会发现它走路的动作越来越慢,大钟表也越走越慢。这是因为对于你来说,黑洞使时间变慢了。真正奇怪的是,机器人不相信自己的动作越来越慢,而且它相信那块表依然很准时!

3. 最后,对机器人说永别吧。

现在,机器人将要被吸到黑洞中去了!这以后发生的事可能正如人们猜测的那样:机器人的每一个部分都会被拉得无限细、无限长,然后全部被黑洞吞噬。但有些人认为,它可能进入了另外一个世界。

而霍金认为,这些落入黑洞的东西会被再循环成能量和粒子,然后以霍金辐射的方式慢慢地被黑洞吐出来——他在2004年7月14日发表了这篇论文。按这个说法,如果你非常仔细地检查从黑洞出来的东西,那么你就能重构原来的东西,它们并不是永远消失,而是丢失了一段非常长的时间。

到底会怎样呢?你可以保留你自己的想法,等待日后的科学发展来验证你的想法。

延伸阅读

4月10日 黑洞首秀

洛杉矶毒雾

洛杉矶某位工人的日记

1943年7月15日

今天，洛杉矶突然起了浓密的大雾，大雾笼罩全城，呛得我睁不开眼，嗓子又干又疼，还不停地流鼻涕。现在正值第二次世界大战期间，我和朋友都怀疑，是不是受到了来自太平洋彼岸的日本化学武器的袭击？

不过，事后证明，洛杉矶毒雾其实是大量的交通工具和工业生产共同造成的灾祸。随着早期金矿、油田以及著名电影中心好莱坞的建成，越来越繁荣的洛杉矶逐渐患上了"现代城市病"。

之后，洛杉矶走上了治理毒雾的艰难道路：禁止家庭私自焚烧垃圾，垃圾统一处理，强制安装烟雾降尘装置。这些措施取得了一定效果，但毒雾还是照样发生。

到底是怎么回事呢？在对环境的研究中，人们发现了一个重要的因素——阳光！

洛杉矶毒雾调查报告

阳光是毒雾的帮凶：当来自汽车、油田、炼油厂等的油气废物排放到大气上空时，由于受到阳光照射，它们发生化学反应，继而生成有害的光化学烟雾。由于洛杉矶三面环山，这些烟雾滞留下来，对人体健康造成危害。

进一步的研究发现，光化学烟雾最大的元凶是汽车尾气的排放！为此，政府制定了严格的措施进行整治。

现在，"把城市治理干净""把燃料处理干净"已成为人们的共识。当然，治理环境的道路不可能一帆风顺，保护环境任重道远。

延伸阅读
10月28日 "死云"灾难

彗星撞木星

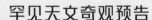

罕见天文奇观预告

1994年

你知道苏梅克—列维9号彗星吗？不知道就对啦，这是去年科学家刚刚发现的。这颗彗星的出场方式很奇特，它看起来像一根"奇特的棒"，还带着一条"纤细的尾巴"。仔细观察发现，这根"棒"实际是由21个"碎块"组成的"珠串"。

科学家预测，今年7月，这颗彗星将会撞上木星！一起等待吧！

当科学家发现这颗彗星时，它已经被木星的引力撕裂成了21块。1994年7月16日，这串碎块像一辆太空列车，撞向木星的南半球。撞击就像机关枪扫射般，一直持续了三天，在木星表面留下一串棕色的撞击"疤痕"，最大碎块的撞击威力相当于地球核武器储备总爆炸力的750倍！

这么剧烈的撞击，让科学家兴奋极了。撞击溅射出来的物质喷流，有希望帮助科学家揭开木星大气化学作用之谜。而且，这次观测也是帮助科学家完善太阳系演化模型的绝佳机会。

科学小百科

太阳系清道夫——木星

木星的质量约为太阳的千分之一，是太阳系中其他七大行星质量总和的2.5倍。由于木星的强大引力，它常把靠近其他行星的小彗星或小行星吸引到自己的身边，就像守门员般为地球挡下毁灭性的撞击。正是有了木星的保护，地球才有机会孕育出复杂的生命，才会有人类的出现。

1321.3个地球才能填满木星

延伸阅读

7月4日 向彗星开炮

我们从哪儿来

根据全世界的化石发现，科学家推测，在大约700万年前，现代人类和黑猩猩的祖先分手，走上了各自的演化历程。而比180万年前更早的人类化石只在非洲发现过，所以一般认为人类起源于非洲。让我们看一下接下来出场的一些原始人吧！

南方古猿

1959年7月17日，科学家发现了"南方古猿鲍氏种"。在200多万年前的某个时期，估计至少有4种南方古猿同时存在。但在100多万年前，所有的南方古猿似乎都神秘地消失了。

能人

一般认为，我们由能人进化而来，但我们对能人了解得很少。能人大约生存于200万年前，是第一种会制作工具的古人类。这个物种之所以叫能人，也就是有技能的人，是因为他们会制作非常简单的工具。

直立人

直立人多被认为存在于200万年前到20万年前，直立人的出现是一条分界线：在直立人之前的一切人属动物都具有猿的特征，在直立人之后的一切人属动物都具有人类的特征。直立人会狩猎，也会用火，如元谋人、北京人。

早期智人

早期智人，大约生活在几十万年前到1万多年前，他们会用兽皮做衣服，也会人工取火！

你的标签：
真核域
动物界
脊索动物门
哺乳纲
灵长目
人科
人属
智人种

南方古猿　　能人　　直立人　　　智人

延伸阅读

5月25日　猴子审判
8月14日　脚印化石

细胞现身

出生于1635年7月18日的胡克是英国皇家学会的一员。作为一名物理学家，他以弹性定律以及跟牛顿的争论闻名于世，同时，他还是第一个提出木星绕轴旋转的人。但你知道吗？胡克还是一名生物学家。

胡克用自己亲手制造的显微镜，对身边的一切事物进行细致的观察。在观察中，他发现了细胞！

胡克的日记

1663年

我从一块软木上刮下薄薄的截片，放在显微镜下观察。意想不到的是，我看到了许多小小的"密闭房间"，它们紧密地排在一起，像宿舍的单人住房。不如将其称为"细胞"吧！

现在我们知道，胡克看到的这些"小房间"其实不是活的细胞，而是死掉的细胞"尸体"——植物的细胞壁。不过，胡克的发现引导后人对细胞继续研究，"细胞"这个名称也沿用至今。

包括细胞，胡克将肉眼看不到的这些微小细节画下来，苍蝇的眼睛、蜜蜂刺的形状、跳蚤和虱子的解剖图、霉菌的形状等，都被他收入著作《显微图谱》中。这部著作将公众带进了一个肉眼看不见的全新世界，原来微观世界和望远镜看到的宏观世界一样精彩！

科学家速写

胡克认为牛顿光学理论的部分观点有抄袭他《显微图谱》的嫌疑，并写信质问。牛顿在回信中暗讽胡克，说出了那句名言：

"如果我能看得更远的话，那么也是因为我站在您这样的巨人的肩膀上。"

事实上，胡克身材矮小，并略微有些驼背！

延伸阅读
10月24日 可怜的小生灵
12月7日 细胞国的公民

破解埃及象形文字之谜

一位法国士兵的日记

1799年7月19日

今天，我们继续在埃及罗塞塔镇附近加强防御工事。我在一处旧壁垒的墙下发现了一块奇怪的石头。这是一块深色的花岗岩，长1米多。上面居然刻着碑文，不过我可不认识上面的字，只能肯定这不是法语！

指挥官找来随军的考古学家，据他们说，这是重要文物。碑文是用三种不同的语言写成的，可能是破解古埃及文明的关键！这太让人兴奋了！

古埃及象形文，又称圣书体，是献给神明的文字。

埃及草书，又称世俗体，是当时埃及平民使用的文字。

古希腊文，是统治者的语言，当时埃及已臣服于希腊的亚历山大帝国之下，来自希腊的统治者要求统治领地内的此类文书都要添加希腊文版本。

1802年，英国学者将石碑的古希腊文译成英文，弄清了碑文的内容，原来这是公元前196年，埃及祭司为年幼的国王托勒密五世刻写的颂词。颂词的最后写着：

"祭司们想将此消息晓谕天下，决定把他们的决议用三种文字刻写出来。"

也就是说，三段碑文的内容完全相同！这样的话，根据古希腊文，就能探明另外两种古埃及早已失传的文字了！

然而，这项"翻译"工作比想象的困难得多。直到1822年，法国学者商博良才完全破解了古埃及的象形文字。最开心的莫过于考古学家了，之前发现了那么多文物，现在终于可以解读其中的文字了！

延伸阅读

1月6日　实现童年梦想

月球漫步

1969年7月，"阿波罗11号"飞船载着3名航天员起飞了，它的目标是月球！

三天后，飞船抵达月球轨道。2名航天员爬进登月舱，准备降落月面。飞船安全避开大量巨石分布的崎岖地形，但在即将降落的最后几秒，舱内突然响起了警报声。

航天员紧张极了，还好，这是一次误报，只是因为登月舱的计算机同时处理太多任务，卡死了。警报来的真不是时候！

时间定格在1969年7月20日，登月舱登陆月球后，航天员阿姆斯特朗已经准备好出舱，他将代表全人类，第一次踏足另一个星球的表面。此时此刻，全世界数亿人都坐在电视机前，屏息等待这历史性时刻的到来。

宇航员在月球上留下的脚印

阿姆斯特朗缓缓走下登月舱舷梯，左脚小心翼翼地踏上月球表面，他说出了那句家喻户晓的名言："这是一个人的一小步，却是整个人类的一大步。"

航天员奥尔德林很快加入了阿姆斯特朗的行列，两人穿着航天服在月面上像精灵一样"游动"、跳跃，拍摄月面景色，收集月岩和月壤，安装仪器，进行实验。

任务结束后，带着采集的月球土壤和月岩标本，航天员安全降落到太平洋上，顺利完成了人类历史上首次登月探险。

科学小百科

月球表面的重力是地球表面的 $\frac{1}{6}$，也就是说，月球吸引物体的力量比地球小。这位航天员在月球上原地蹦一下，就可以蹦出好几米呢！

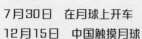
延伸阅读
7月30日　在月球上开车
12月15日　中国触摸月球

电和磁，真的有关系

19世纪的丹麦，有世界上最美的童话和最出色的童话作家——安徒生。而安徒生最热爱的一个人，便是物理学教授奥斯特。

物理学"魔法"，就在奥斯特的课堂上发生了。1820年的一天，奥斯特在课堂上演示电学实验，他在电路导线旁边随手放了一枚小磁针，电路接通的一瞬间，奥斯特看到了神奇的一幕——小磁针居然在没有任何外界接触的情况下发生了偏转。

奥斯特激动万分，差点在课堂上摔倒。他之前认为电和磁之间，隐藏着某种关系，但一直没有确切的证据。而现在，电流让小磁针发生了偏转！

之后，奥斯特做了一系列实验，确认了闭合回路中电流的变化能够使磁针发生偏转，而对非磁性物质没有任何作用。

1820年7月21日，奥斯特发表论文《论磁针的电流撞击实验》，引起了很大的反响。就在奥斯特发表论文的第二天，安培重复了奥斯特的实验，同时还进一步做了电流之间相互作用的实验，明确指出了磁针偏转方向和电流方向的关系。许多物理学家也如梦初醒，认识到电和磁之间的密切关系，无数实验迅速开展起来。

从此，电磁学作为一门综合学科发展起来。为了纪念他们，后人采用"奥斯特"作为磁场强度的单位（高斯单位制），"安培"作为电流强度的单位。

科学小百科

奥斯特创建了"思想实验"这个名词，并明确描述了它。这是一种用想象力进行的实验，所做的都是在现实中无法进行的实验，比如爱因斯坦追赶光线、薛定谔的猫、猴子和打印机实验等。

你也可以做这样的实验，不过可不要持续太长时间，否则别人会认为你只是在走神！

延伸阅读
8月29日　发现电磁感应现象

7月22日

恒星"巨无霸"

恒星发布会

2010年7月22日

我们在智利的甚大望远镜（VLT）获取的数据中发现了一个庞然大物，它躲在一个恒星密布的星团内。

我们将它编号为R136a1，它的质量大约是太阳质量的265倍！目前它位列"巨大恒星体重榜"榜首，是真正的恒星"巨无霸"！

你知道吗？由于超大质量恒星会一直抛出大量的物质，所以R136a1现在的体重很可能是它"瘦身"之后的体重！科学家估算，R136a1刚刚"出生"时的体重可能达320倍太阳质量以上。

艺术家想象中的R136a1

不过，由于它太重了，其消耗"氢燃料"的速度非常惊人——尽管它大约只有100万岁，但科学家们认定它已到了"中年"。想想我们的太阳，活了50亿岁，才到"中年"！

这项发现将考验现有的恒星物理理论，天体物理学家一直认为，恒星的质量存在上限——150倍太阳质量左右，一旦超过这个值，恒星就将难以稳定存在。因此，这一巨型恒星的发现让天文学家非常吃惊！

科学小百科

恒星的寿命完全取决于它"出生"时的"体重"，体重越重，"氢燃料"消耗越快，寿命就越短，而小个子恒星，比如红矮星，它们的寿命可以远远超过100亿年。

延伸阅读

2月23日 恒星的死亡

到太空中去观测

地球的大气层为生命提供了必需的气体成分，是我们的保护伞，但对于天文观测来说，这是一个麻烦。建在地面上的望远镜很容易受到大气层的干扰：星光在穿过大气层的时候会"跑偏"，所以我们看到星星都在不停地"眨眼"；其次，大气层还会贪婪地"吃掉"一部分宝贵的星光。于是，科学家便想着把望远镜发射到太空中去进行观测。下面我们就来看一看一些著名的太空望远镜吧！

哈勃空间望远镜

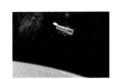

哈勃望远镜于1990年4月发射升空，清晰度是地面天文望远镜的10倍以上。不过，哈勃望远镜是个"天生近视眼"，它发回的第一批影像特别模糊，让科学家几近崩溃。后来，科学家给哈勃望远镜配上了"眼镜"，它才得以正常工作。

钱德拉X射线望远镜

1999年7月23日，以美籍印度物理学家钱德拉塞卡的名字命名的这台"旗舰级"空间望远镜发射升空，它主要用于观测天体发出的X射线，拓展人们对天体活动的认识。

斯皮策红外望远镜

这是一台红外观测空间望远镜，2003年发射。斯皮策总是躲在地球的后面，太阳永远也无法直射到它，它可以看到很多地面望远镜看不到的暗淡的小型恒星。

费米伽马射线望远镜

费米伽马射线望远镜于2008年发射，它拥有极其广阔的观测视野，是目前全球最灵敏的伽马射线望远镜，能帮助科学家获取有关宇宙进化、黑洞物质喷发等信息。

延伸阅读

3月7日　搜寻第二颗地球
9月25日　超级大锅——天眼

消失在云雾中的城市

20世纪初，传说在安第斯山脉的崇山峻岭中，有一座神秘的古城，它是印加帝国留下的证据。这个传说吸引着人们去探寻，其中包括耶鲁大学的历史学教授宾厄姆。

1911年，宾厄姆一行人骑着骡子跋涉在山中的羊肠小道上，一路寻找。他们一无所获，随行者都萌生了退意。

这时，在居住的旅店，宾厄姆无意中听店主人提起，某处山顶有一片废墟。

第二天清晨，风雨交加，宾厄姆准备出发，但同行的科学家都不愿出行。宾厄姆只好请店主人和一位当地青年陪同，开始攀山搜寻。

宾厄姆的日记

1911年7月24日

今天，我们越爬越高，我看见了四周由石块构筑的梯地。我想：这是印加人修建的梯田！突然间，我发现面前是印加最好的石建筑房屋的残垣。由于生长数百年的树木和青苔的遮挡，很难看见它们。

我简直不敢相信自己的好运气，我看到了一座皇家陵墓、一座太阳神庙、一个大广场、数十所房子。这是失落的印加古城，简直是难以置信的梦境！

马丘比丘，也就是宾厄姆找到的"失落的印加古城"，在这一天被重新发现。马丘比丘建于1440年左右，建在海拔2400多米的"高空"，被称为"天空之城"。

印加帝国为什么要建设这样一座空中城堡？建筑中的巨石，是从哪里，用什么方法搬来的？住在这儿的人们去了哪里？这些问题从未有正确的答案。也许，这才是这座"天空之城"吸引人的地方。

马丘比丘

火星"人脸"事件

1976年，美国"海盗1号"太空探测器正在围绕火星运行，它拍摄了大量的火星地表图像，为它的姊妹探测器"海盗2号"投放着陆器寻找合适地点。

1976年7月25日，在"海盗1号"拍摄的火星地表的图像中，分析人员赫然看到了一张"人脸"！这张"人脸"五官齐全、仰面朝天，似乎正在窥探深邃的宇宙。

"人脸"很大，长度有数千米，在地球上的人类中，你绝对找不到这样的一张脸！

重大新闻

美国国家航空航天局公布火星照片，对，你没有看错，就是右面的这张照片！他们是这么说的：照片中有一个巨大的岩体，看上去有点像人脸！

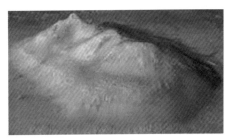

人们的想象力瞬间被打开了：有人说这张"人脸"像埃及法老的脸，有人宣称在"人脸"附近发现了古代城市，包括庙宇、城墙和炮台……人们乐此不疲地谈论着火星"人脸"的故事，并将其视作火星上曾经存在高级智慧文明的证据。

新的"人脸"照片

为了查明真相，1998年，美国国家航空航天局的"火星全球勘测者"探测器再次对"火星人脸"地区进行拍摄，但再没拍到"人脸"照片。2013年，欧洲宇航局的"火星快车"又试图拍摄，终于将清晰的"人脸"照片发回地球。

这次，火星"人脸"的秘密终于浮出水面：所谓的火星"人脸"，只不过是一个小山包，中央位置的大片岩层凸起，看上去就像人头，这完全就是光影错觉导致的巧合！

延伸阅读

1月21日　隔着太空修电脑

乘着阳光环游世界

　　1999年，出生于探险世家的皮卡德乘坐热气球进行环球之旅，他在空中连续飞行了20天。皮卡德坐在热气球中，突发奇想：能不能设计出一款不需要燃料也能翱翔于蓝天的飞机呢？

　　皮卡德眺望着天空，幻想着将取之不尽的太阳能用于飞行：白天积累能量，夜间再把白天储存的能量慢慢释放出来，这样，飞机就可以昼夜不停地飞行了。

　　热气球环球之旅结束后，皮卡德便开始着手寻找团队来制造他梦想中的这架太阳能飞机。花费了近13年的时间，他们终于建成了世界上最大的太阳能飞机——"阳光动力2号"。这架飞机无需一滴燃料，仅依靠阳光就能实现昼夜飞行。下面，我们一起来看一看这架飞机吧。

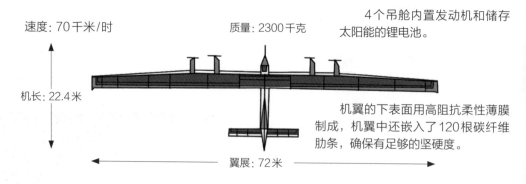

速度：70千米/时　　　　　　　　质量：2300千克

4个吊舱内置发动机和储存太阳能的锂电池。

机长：22.4米

机翼的下表面用高阻抗柔性薄膜制成，机翼中还嵌入了120根碳纤维肋条，确保有足够的坚硬度。

翼展：72米

机翼的上表面镶嵌了超过17000块太阳能电池。

　　2015年，"阳光动力2号"开始环球飞行。白天飞机在阳光充足的高空飞行，以储存太阳能；晚上飞得较低，靠储存的能量飞行，机上的计算机系统控制飞机以最小的能耗飞行。2016年7月26日早上8时，"阳光动力2号"成功降落在阿联酋首都阿布扎比机场，完成了人类首次靠太阳能环球飞行的壮举！

延伸阅读
5月21日　扬起太阳帆，飞向宇宙

送错礼的道尔顿

道尔顿

1792年的圣诞节，26岁的英国学者道尔顿，特意买了一双适合老年人穿的棕灰色袜子，送给妈妈作为圣诞礼物。

谁知妈妈接过袜子，打开包装一看，竟然笑着说："我年纪这么大啦，怎么能穿樱桃红色的袜子呢？"

道尔顿争辩说："这双袜子明明是棕灰色的嘛！"

两人争执不下，于是，道尔顿请其他人识别袜子的颜色，绝大多数人都说这双袜子是樱桃红色的。道尔顿疑惑极了，为什么自己看这双袜子是棕灰色的，而别人看到的却是樱桃红色的呢？

道尔顿没有轻易放过买袜子这件小事，他成为世界上第一个发现色盲的人，也是第一个被发现的色盲病人。正因为如此，色盲至今仍被称为道尔顿症。

那么，是什么原因造成这一病症的呢？道尔顿要求他的助手在他去世后解剖他的眼球，揭开这一奥秘。

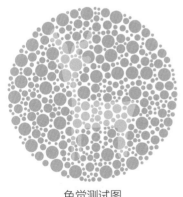

色觉测试图

1844年7月27日，道尔顿去世。道尔顿的助手研究了道尔顿眼睛里的流体和视网膜，希望能找到线索，遗憾的是，一无所获。

150多年后，来自剑桥大学的生物学家对色盲患者视网膜上的视锥细胞——正是它们使人能分辨颜色——进行基因测试。科学家在这些细胞内控制感光色素合成的基因中发现了缺陷，道尔顿之谜最终得以解决。

科学家荣誉殿堂

道尔顿，英国化学家、物理学家。道尔顿提出的"原子论"，奠定了近代化学和近代物理学的基础。由于道尔顿的工作，科学家开始认识到存在不同类型的原子。

骨头大战

1868年，出生于1840年7月28日的科普得到了一件化石，这是当时北美发现的最大、最完整的蛇颈龙。这头蛇颈龙的脖子非常长，以致于科普误认为这部分是尾巴，将头骨安装在了尾巴上。

很快，这件事被科普的老对手马什发现了，马什毫不留情地写信讥讽他：

亲爱的科普：
　　你把恐龙的头装在尾巴上，是不是应该把它叫作"滑稽龙"？哈哈哈！

马什

这两人都是寻找化石的美国科学家，曾经是好朋友，他们相互用对方的名字来命名化石种类，但是后来变得势不两立。

为了找到更多种类的恐龙化石，科普和马什之间的对抗变得越来越激烈，甚至有些好笑。有时候，竟然到了一方的发掘人员向另一方投掷石块的地步。科普和马什在文章中互相侮辱对方，瞧不起对方的成果。

发生在这两个著名古生物学家之间的这场"骨头大战"，至今仍是古生物历史上最让人津津乐道的事件之一。

但不管怎样，通过科普和马什的努力，美国已知的恐龙种类从9种增加到了将近150种。现在我们说得出的很多恐龙，比如剑龙、雷龙、梁龙、三角龙等，绝大部分是这两人发现的。

科学小百科

英国古生物学家欧文在1841年创造了"恐龙"这个名称，意思是"可怕的蜥蜴"。其实，这个名字不太合适，因为有些恐龙一点都不可怕，有的还没兔子大，很可能极其脑膜。而且，恐龙不是蜥蜴！

延伸阅读
7月31日　恐龙，鸟类的祖先？

赌徒的烦恼

1654年7月29日，数学家费马收到了帕斯卡的一封来信：

亲爱的费马：

　　最近，我的一位好友，法国贵族梅勒因为"分赌注问题"感到特别烦恼。事情是这样的——他和赌友以64枚金币作为赌注，以掷骰子定输赢：如果掷出的点数为"6"，那么梅勒赢1分；如果点数为"4"，那么对方赢1分。谁先得到3分，谁就赢得全部赌注。

　　在梅勒得2分，对方得1分后，梅勒接到紧急命令，要立即陪国王接见外宾，只好中断游戏。于是，两人为64枚金币应该如何分配争执不休。怎样分配才合理呢？

　　下面是我的想法……

　　期待收到您关于此问题的想法。

帕斯卡

　　两人从这一天开始，频繁通信，经过长达三年的分析，他们成功地解决了赌资分配、赌徒输光等问题。

　　更重要的是，费马和帕斯卡给出了一门数学新学科——概率论的一些基本原理，直接推动了概率论的产生。帕斯卡和费马也因此成为概率论的先驱。两人开始通信的这一天，被视为概率论的生日。

科学小百科

　　如何解决分赌注问题呢？帕斯卡提出了一个重要的思想：赌徒分得赌注的比例应该等于从这以后继续赌下去他们能获胜的概率。在梅勒和赌友的游戏中，继续赌下去，梅勒获胜的概率是75%，而赌友获胜的概率是25%，赌注应该怎么分配呢？

延伸阅读
4月15日　哥尼斯堡七桥问题

在月球上开车

1969年，人类登上月球。但是在月球上，光靠双腿行走，能探索的范围实在太小了！更何况，人在月球上走路完全是跌跌撞撞的，速度快不起来。

美国人马上想到要带辆车到月球上去。1971年7月30日，第一辆有人驾驶的月球车乘坐"阿波罗15号"抵达月面。两位航天员成为世界上最早在月球上开车的地球人。下面我们来看一下这辆车吧！

月球漫游车LRV-001名片

质量：208千克，可以折叠。

最高行驶速度：13千米/时。月球表面崎岖不平，切忌飙车！

缺点：电池不能充电。航天员不能开太远，如果车子坏了，航天员就要步行回去！

这辆月球漫游车一共开了27千米，行驶时间是3小时2分钟。之后，车子被永远地留在了月球表面。

从"阿波罗15号"开始，"阿波罗16号"和"阿波罗17号"都各自携带了一辆月球漫游车。因为只能带去，不能带回来，所以，此时此刻月球上停着三辆可以载人的"月球漫游车"，其中一辆车的行驶距离超过了35千米！

延伸阅读

9月20日 从月球上取岩石

1月3日 登陆月球背面

恐龙，鸟类的祖先？

赫胥黎是一位英国生物学家，因捍卫达尔文的进化论，被戏称为"达尔文的斗牛犬"。正是赫胥黎，首先提出了鸟类起源于恐龙的假说。

有趣的科学传言

传言，赫胥黎在某次吃火鸡的时候，发现火鸡和一种恐龙——驰龙的标本非常相似，于是，他提出了"恐龙是鸟类的祖先"这一假说。

而更多的科学家认为，鸟类与恐龙非常接近，但不会直接从恐龙进化而来，只是拥有共同的祖先。随着有羽毛的恐龙化石的不断现世，让"恐龙是鸟类的祖先"的假说又流行起来。

随着计算机技术的发展，一个研究团队分析了48个鸟类物种的基因序列，得出结论：现在所有的鸟类，都能追溯到6500万年前大灭绝中幸存下来的一种有羽毛的恐龙。

2014年7月31日，《华盛顿邮报》以"恐龙进化为鸟类的轨迹研究"为题，报道了科学家的最新研究："在进化中，鸟类与牙齿相关的5种基因很快发生突变，在失去锋利的牙齿后，鸟逐渐长出了喙。恐龙灭绝后，由于有了充分的生存空间，鸟类快速发展，逐渐进化。"

飞行恐龙的模拟图

科学小百科

2009年，中国科学家发现了目前世界上体型最大的带羽毛恐龙——"华丽羽王龙"化石。华丽羽王龙身躯巨大，身上长着又长又硬的羽毛，是霸王龙的远亲。这次发现，颠覆了恐龙在大型化过程中羽毛会逐步退化的观点。

爱玩蚂蚁的威尔逊

爱德华·威尔逊是美国的一位生物学家。威尔逊7岁时，不小心弄伤了双眼，一只眼睛看不见了，不过他并没有因此而沮丧。

威尔逊的日记

虽然我的右眼失明了，但我的左眼特别棒，能看到很细小的东西。既然不方便研究大动物，而我又很喜欢生物学，那么就研究蚂蚁吧！

在田野里、大树下、岩石缝和灌木丛里，威尔逊观察、采集蚂蚁，对比分类，归纳总结，数十年如一日。观察蚂蚁不仅成了威尔逊的研究主题，也成了他的习惯和爱好。当别人仰望天空时，威尔逊蹲在地上，手持放大镜观察着蚂蚁。为了研究蚂蚁，威尔逊的足迹几乎踏遍了全球各地。

威尔逊从蚂蚁通信的方式、群体的分工、社会的结构等，联想到人类社会，延伸到如何理解人类的行为和动机。从20世纪70年代开始，威尔逊一连出版三部里程碑式的著作——《昆虫的社会》《社会生物学》和《论人的本性》。

其中，《社会生物学》开拓了一门新的基础生物学科，引起越来越多的关注。1977年8月1日，《社会生物学》登上美国《时代》周刊封面，同年11月，威尔逊获得美国国家科学奖。

科学小百科

研究动物行为的方法

①观察自然生态环境，如法布尔研究昆虫的方法，威尔逊研究蚂蚁的方法。
②观察人造自然环境，如弗里施研究蜜蜂的方法。
③在实验室研究，如巴甫洛夫研究狗的方法。
④融入动物群体，成为其中一员进行观察，如古道尔研究黑猩猩的方法。

小行星来袭

如果有时光机，让你穿越到6500万年前，你最想发布的通知一定是这样的：

世界末日来啦，一颗巨型小行星正扑向地球！赶快逃亡吧！我想，你最好找个地底的深洞藏起来！

科学家认为，6500万年前造成恐龙灭绝的主要原因是，一颗直径10千米的小行星撞击地球带来的毁灭性打击。每隔一亿年，地球就可能受到一颗体积庞大、足以毁灭全人类的小行星撞击——还好来得不算频繁！

2013年8月2日，美国国家航空航天局发布了一份"地图"——《潜在威胁小行星》，上面标出了超过1400颗近地小行星的轨道数据，这是当时人类已知的所有可能对地球构成潜在威胁的小行星目标。不过，美国国家航空航天局也强调，根据追踪数据，所有这些小行星中，没有任何一颗会在未来100年内对地球构成威胁。

地球科学家正在不间断地监视着地球附近的空间，如果有小行星真的来了，他们也提出了应急方案：

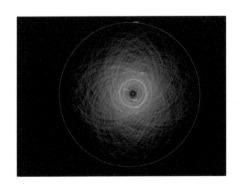

使用一个大网兜或者类似的工具，去"捕获"危险的小行星。

在小行星附近引爆炸弹，使其偏离原有轨道。

在小行星上安置一枚火箭，使其偏离原有轨道。

所以，你大可不必太过担心！

哥伦布远航

1492年8月3日，西班牙著名航海家哥伦布率领3艘快帆船和120名船员，从西班牙巴罗斯港出发，开始了他史无前例的远航。这次远航的目的地是东方大陆。

之前，人们都是通过陆路去东方，就像马可·波罗一样，但当时，土耳其人和阿拉伯人控制了部分欧洲大陆，走陆路很危险，所以哥伦布决定走海路。

在仔细研究了地图和其他人的海上冒险故事之后，哥伦布确信，一直向西航行，就可以到达亚洲。船员们在海上航行了一个多月，都没有看到陆地的影子，这让许多船员感到绝望，他们甚至发动叛乱，要求返程。但哥伦布坚持了下来，在航行70个昼夜之后，10月12日凌晨，他们发现了陆地。

"一定是印度！"哥伦布兴奋地大叫。哥伦布将这个地方命名为"圣萨尔瓦多"。在那里，哥伦布船队受到了当地人的热情款待。

返航时，哥伦布将许多当地独有的农作物带回欧洲，如玉米、西红柿、红薯、辣椒等。

哥伦布的这次远航揭开了"地理大发现"时代开辟海上新航路的帷幕。不过，哥伦布不知道的是，他到达的不是印度，而是美洲大陆。哥伦布去世后，一位叫亚美利哥的意大利学者经过考察，证实了哥伦布发现的是一块新大陆。为纪念亚美利哥，这块新大陆就命名为亚美利加洲，简称美洲。

延伸阅读

9月6日 拥抱地球的人

飞向太空的机器人

日本航天员若田的日记

2013年12月

今天，我在国际空间站与机器人"基博"进行了对话实验，它通过自带的摄像头认出了我，并主动和我打招呼："你好，若田先生。"

我得问它一个问题，于是我问："你习惯了失重吗？"

悬在空中的"基博"做出抬头挺胸的样子，回答道："我已经习惯了哦！"

"第一位日本站长，请多多关照。""基博"说。它居然还知道我即将担任空间站站长，我开心极了，与它握了握手。

这个小机器人，简直萌翻了！

2013年8月4日，首个会说话的太空机器人"基博"被送上太空。"基博"会做的事情可多了：协助航天员接受地面的指令，帮助航天员工作，记录对话内容……当然，最重要的是，它可以陪航天员聊天，这样，航天员在太空中再也不会感到寂寞了！

现在，越来越多的机器人被送往太空，它们是航天员的好帮手，和航天员一起探索神秘未知的新领域。一起来看看吧！

机器人医生

人造卫星也会"生病"，它们会发生故障，甚至失控。机器人医生能辅助航天员，做一些简单的"治疗"工作。比如，为燃料耗尽的卫星"病人"补充燃料。

机器人清洁工

机器人清洁工用自己的机械臂，牢牢地抓住废弃的人造卫星或火箭碎片，将它们收集起来，然后抛入大气层烧毁。

延伸阅读
6月28日　在太空中待得最久的人

一粒种子的太空之旅

1987年8月5日，我国第9颗返回式科学实验卫星发射成功，它将一批农作物种子送向遥远的太空，揭开了我国太空育种的序幕。

在太空中，种子会接收太空辐射，产生变异。将变异后的种子选育后，在地球上种出来的作物就是太空作物。

听起来好像不难，但太空育种可不是随随便便就能成功的。目前，世界上只有中国、俄罗斯、美国成功实施了这项技术。

随着我国航天事业的发展，我们的日常生活中也出现了越来越多的太空作物，让我们走近"太空种子"，一起来看一看吧！

太空育种大揭秘

1. 去太空的种子有什么特殊要求吗？

最初的选材堪比选拔航天员，必须选择具有稳定性状的纯系自交品种。

2. 种子上天转一圈就是太空种子了吗？

种子上天走一遭，只是完成太空育种万里长征的第一步，还要经过农业专家几年的地面培育、筛选和验证，才能成为真正合格的太空种子，这个过程至少也要4～6年。

3. 种子在天上会经历些什么？

卫星在距离地球200～400千米的太空飞行，借助太空特殊的环境条件，如强宇宙射线、高真空、微重力等，对种子进行有益的变异处理。

4. 太空作物安全吗？

太空育种只是让作物基因产生缺失、重复、易位等基因突变，并没有将外源基因导入作物中，本质上只是加速了生物需要几百年甚至上千年才能产生的自然变异。并且这些种子还要在地面上经过培育、筛选才真正食用，所以不用担心安全问题。

延伸阅读

1月16日 太空之花

外太空"小绿人"

星云中的脉冲星

1967年8月6日，夜已经很深了。24岁的女学生贝尔还在忙着，她正在分析射电望远镜收到的信号。突然，她愣了一下，有一个异常的干扰信号！

这个信号很奇怪，它很规则，每隔1.33秒就有一个脉冲传来，好像是有人故意发出来的。

贝尔把这件奇怪的事情告诉了导师休伊什教授。导师想，这难道是外星人发来的摩尔斯电码，在向地球人求救？贝尔和休伊什为这些外星人取名为"小绿人"。

之后，贝尔和休伊什又陆续在不同天区，发现了3个类似的脉冲信号。难道相隔如此遥远的外星人，都会使用几乎相同的无线电呼叫模式吗？这不太可能，他们立刻否决了外星人这个想法。

休伊什认为，这应该是来自一种前所未知的特殊恒星，他将其命名为脉冲星。随着进一步的研究，休伊什和贝尔提出，脉冲星就是物理学家预言的超级致密的中子星。

脉冲星的发现，与类星体、宇宙微波背景辐射、星际有机分子一道，并称为20世纪60年代天文学"四大发现"。休伊什教授本人也因脉冲星的发现而荣获1974年的诺贝尔物理学奖，令人遗憾的是，脉冲星的直接发现者贝尔不在获奖人员之列。

科学小百科

事实上，我们生活的地球也会向外界持续不断地发出微弱的无线电信号。只不过，这个信号实在太弱了，也许根本没办法被外星人接收到！

延伸阅读

10月8日　太空实验室

孤筏重洋

1947年4月底，木筏"康提基"号正式从秘鲁起航，驶向太平洋。这一行6人的目标，是8000千米外的波利尼西亚群岛！

此行的目的，是验证船长海尔达尔的一个理论：

海尔达尔的研究日记

1947年

关于波利尼西亚人的起源，占上风的是"东南亚起源说"。但引起我兴趣的是波利尼西亚群岛上老人讲的关于他们祖先的传说：一位名叫"提基"的神一般的领袖，率领一群高大、强壮的人，从东边一个辽阔的大陆来到这里。

而在南美洲秘鲁的印第安人那里，我发现了关于太阳之王"康提基"的传说……

我认为"提基"和"康提基"是一回事，群岛上的第一批居民，是5世纪从南美洲漂洋过海到那里去的！

海尔达尔的理论遭到了激烈的反驳："5世纪时，没有一个南美洲人，能到达太平洋的岛上。他们没有船！"

海尔达尔并没有认输，他决定自己从南美洲漂流过去。他按照印第安土法，造了一只木筏，邀请5个朋友一起，开始了探险。让所有人意想不到的是，这只木筏安全极了！当小山似的巨浪向他们袭来时，海水全部从木头间的缝隙漏了下去。狂奔的海水只是在他们脚下咆哮而已。

1947年8月7日，出发三个多月后，一行人成功在波利尼西亚群岛登陆，这证明古代印第安人有可能乘坐木筏来到波利尼西亚！海尔达尔一举成名，跻身最伟大的探险家之列。

海尔达尔将自己的冒险故事写成书，名字叫《孤筏重洋》。现在，英国皇家学会认为，除了东南亚源头，波利尼西亚人同时存在南美洲源头，不过遗传贡献要小些。

无限旅馆

夜班经理聘任书

亲爱的朋友：

特聘你为无限旅馆夜班经理！很自豪地告诉你，我们的旅馆有无限多个房间，快来上班吧！顺便说下营业地点——你的思维里。

旅馆老板希尔伯特奉上

希尔伯特

一天晚上，无限旅馆住满了。这时，一名旅客风尘仆仆地走进旅馆，恳求你给他一个房间。作为夜班经理，你该怎么办？是拒绝他，还是决定给他一个房间？

其实，这很简单。你只要要求1号房间的客人搬到2号房间，2号房间的客人搬到3号房间……最后，让新到的这名旅客住1号房间就可以了。

如果来的是无限多的客人呢，你该怎么处理？

你可以把1号房间的客人搬到2号房间，2号房间的客人搬到4号房间……这样，所有的单号房间就腾出来了，新来的无限多位客人就可以住进去，问题解决了！

这是希尔伯特为"无限"讲述的故事。他是著名的德国数学家，被称为"数学界的无冕之王""数学天才中的天才"。1900年8月8日，巴黎第二届国际数学家大会上，希尔伯特根据19世纪的数学成果和未来发展的趋势，提出了新世纪数学家应当努力解决的23个数学问题。对这些问题的研究，有力地推动了20世纪数学的发展。

科学家速写

1930年，在一次演讲中，针对一些人信奉的不可知论观点，希尔伯特满怀信心地宣称："我们必须知道，我们必将知道。"希尔伯特去世后，这句话就刻在他的墓碑上。

延伸阅读

7月9日　理发师悖论

69

科学是把双刃剑

1938年，科学家从一份秘密情报中得知，德国正在进行核裂变实验。这太可怕了！如果希特勒抢先研制出核武器，那么世界性的灾难就不可避免了。

1942年8月，美国政府正式制订了研制原子弹的"曼哈顿计划"。一大批杰出的物理学家投入了工作。经过数万名专家和技术人员的努力，1945年7月，科学家终于成功研制了绰号为"小玩意""小男孩"和"胖子"的3颗原子弹。

当然，投入使用之前，要先试试效果。

科学家日记

1945年7月

在美国新墨西哥州的沙漠里，"小玩意"爆炸了。首先出现压倒一切的辉煌亮光，接着出现一个平底朝下的半圆半亮球体，顷刻间，一根擎天火柱猛然升起，在其顶端，出现了一朵巨大的蘑菇云。大约半分钟后，传来震耳欲聋的轰鸣声。

刹那间，印度古诗中的诗句："我是死神，我是世界的毁灭者"浮现在我的脑海中。这种武器太可怕了，它不该用于人类身上！

之后，69位著名科学家共同签名，起草了一份禁用原子弹的请愿书，递交给当时的美国总统杜鲁门。

然而，科学家再也无法掌控原子弹的命运了。1945年8月6日，美国将"小男孩"投向日本广岛。三天后，1945年8月9日，美国又将"胖子"投向日本长崎。两座城市瞬间变成废墟。

消息传来，科学家感到深深的震惊和内疚。科学家呼吁："科技的成果应该为人类创造美好的未来，而不是毁灭人类。"

延伸阅读
9月29日　有趣的费米问题
10月17日　威胁变朋友

8月10日

以身试毒

沙眼是非常古老的一种病，曾被称为世界性的顽疾，它严重影响人的视力，甚至让人失明。过去的中国更是沙眼的重灾区，曾经有一半人都患过这种病，在边远农村地区的人们十之八九都会得这种病，有"十眼九沙"之说。

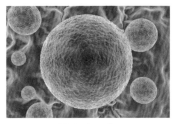
沙眼病原体

沙眼之所以难以对付，是因为导致沙眼的微生物比较奇特，它比一般细菌小，比一般病毒大，加上沙眼常伴有其他细菌性眼疾，使得沙眼成为微生物学上的一个老大难问题。

1954年，中国科学家汤飞凡带领助手开始了沙眼的病原研究，利用恒河猴做沙眼的动物模型。在数百次的失败之后，终于在1955年8月10日，汤飞凡首次分离出沙眼病原体。他成为世界上第一个发现重要病原体的中国人。

汤飞凡冒着失明的危险让助手把病原微生物滴入自己眼中，从而感染了沙眼，在其后的40天内，坚持不做治疗，利用自己亲身的体验，收集了可靠的临床资料，彻底解决了70余年来关于沙眼病原体的世纪之争。而后，英国科学家首先证实了汤飞凡的成果，从此，沙眼病原体被称为"汤氏病毒"。再之后，人们发现沙眼的病原体不是一种病毒，也不是细菌，而是一种叫衣原体的微生物。

正是汤飞凡的发现，使人们找到了治疗的方法，使几千年来长期危害人类的沙眼以惊人的速度减少，最终在世界上的许多地区绝迹。汤飞凡也因此被奉为"衣原体之父"。

健康人眼

沙眼（发炎）

沙眼（眼睑变形）

健康人眼

沙眼（角膜浑浊）

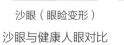
沙眼与健康人眼对比

延伸阅读
10月5日 屠呦呦和青蒿素的发现

71

当代毕昇

在宋朝时，一位叫毕昇的工匠用陶泥做了一些小字模来印书，这就是被誉为中国古代四大发明之一的活字印刷术。

20世纪70年代，随着激光技术的日渐成熟，国外的印刷业发生了翻天覆地的变化，激光照排机已经发展到了第四代，可我们的印刷业还在汉字的"丛林"里艰难行走——印刷车间

活字印刷术的活体字模

里还在沿用老式的活字印刷，铸字、排字，出版一本书要超过300天。

这时，英国的汉字照排系统已经走入中国大门，形势刻不容缓。科学家王选萌生出直接搞第四代激光照排系统这个"一步登天"的计划。经过3年多的努力，1979年8月11日，《光明日报》报道，北京大学激光照排系统编辑排版主体工程完工。

1980年，一本非铅字排版印刷出来的《伍豪之剑》登场，向世人宣告，中华文明已经告别"铅与火"传播的时代，迈入了"光与电"的新时代。

40多年来，王选团队自主研发的一系列高科技成果，不仅完全改变了新中国的新闻出版印刷行业，也在世界范围内推动了中文信息化的全面发展，电子书、数字新闻等应用软件也由此广泛出现在日常生活中。

王选被公认是对中国印刷出版业现代化做出最大贡献的人之一，被誉为"当代毕昇"和"汉字激光照排之父"。

科学小百科

激光照排，就是把每一个字编成特定的编码，存储到计算机，输出时用激光束直接扫描成字。汉字激光照排系统，实际上是汉字电子排版系统的大众化简称。

年度最佳机器

1982年年度风云人物揭晓

　　今年的评选结果肯定会让你大吃一惊，因为我们最终选择的，不是一个人物，而是一台机器！对的，就是IBM公司于1981年8月12日推出的世界上第一台个人电脑——IBM5150。

　　在这一年中，IBM5150的相关资讯是最吸引人的话题。整个社会普遍认定，这一机器将改变所有其他人类发展的进程。

风云人物"小传"

价格：1565美元

质量：约11.34千克，仅键盘就约重2.7千克

配置：安装了微软公司的磁盘操作系统（DOS）、电子表格软件和文本输入软件，可以使用盒式录音磁带下载和存储数据，也可以使用软盘。

　　IBM5150推出时附带了一本《技术参考手册》，这本手册能够让一个不懂电脑的人，在数小时内学会使用电脑。正因如此，IBM公司迅速建立起一系列行业标准，改变了个人电脑的历史。自那之后，个人电脑真正地走进了人们的生活和工作之中，新的时代开始了！

　　根据《时代》周刊1982年的调查，80%的美国人希望电脑能像电视或洗碗机一样普及。如今，电脑不仅已经像电视一样普及，还比电视更深远地改变了这个世界。

　　令人扼腕的是，"开山鼻祖"没能继续它的辉煌，2005年5月，IBM公司将个人电脑部门出售给联想，退出了个人电脑市场。

延伸阅读

2月24日　活着，就是为了改变世界

第三位小数的胜利

"啊，怎么会差一点呢？"英国科学家瑞利望着本子上的数据，疑惑极了。

原来，瑞利在研究大气中各种气体的密度时发现，空气中获取的氮气的密度是1.2572克/升，然而从氮化物中制得的氮气的密度是1.2502克/升。虽然差异只表现在第三位小数上，但已经超过了实验的误差要求。

瑞利无法给出合理的解释，便向公众征求解答。

英国化学家拉姆齐与瑞利联系，想一起揭开其中的奥秘。他们进行了一次又一次的实验，蒸发了百余吨空气，把已知成分都去掉，最后都得到一种残余气体——这种气体的体积约占原空气体积的1%，而且比氮气略重。通过光谱分析，他们断定这种气体是一种新元素。下面就请移步这种新元素的发布会吧！

欢迎参加新元素"氩"的发布会

1894年8月13日

在空气中，除了氧气、氮气外，我们又发现了一种新的气体元素。这种气体到处都有，从四面八方围绕着我们。每立方米空气中大约有15克这种气体。按这样计算，在我们的发布会大厅中就有几十千克这种气体！

但我们发现，这种气体太懒了，基本不与别的物质反应，所以把它命名为"argon"，就是"懒惰"的意思。

这种气体的中文名字是"氩"，人们将它的发现称为"第三位小数的胜利"。这也是最早被发现的稀有气体。

之后，拉姆齐又发现了其他5种稀有气体。瑞利和拉姆齐分别获得了1904年的诺贝尔物理学奖和化学奖。

延伸阅读
12月13日　霓虹灯闪烁

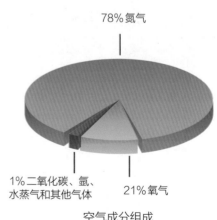

78%氮气

1%二氧化碳、氩、
水蒸气和其他气体

21%氧气

空气成分组成

脚印化石

1995年9月，美国古人类学家伯格和南非地理学家罗伯茨，在海岸边的岩石中发现了一组脚印化石。经过近两年的研究，他们认为这组脚印是现代人类的祖先留下的。

欢迎来到"脚印化石"记者招待会！

1997年8月14日

我们在南非开普敦以北约97千米处的大西洋海岸的岩石中，发现了11.7万年前人类祖先脚印的化石，这太让人兴奋了！迄今为止，考古学家发现了10万~20万年前的人类化石约30件，但发现这段时间的人类足迹，还是首次。这是迄今为止所发现的最古老的现代人类祖先足迹。

脚印长21.6厘米，可能是一名身高1.61米的黑人妇女或身材较矮小的男性下坡走向海边时留下的。当时，暴雨过后，沙滩很湿，脚印留下后很快被细沙掩埋，经过漫长岁月形成砂砾岩石，脚印因此被保留下来。其中两个脚印保存得十分完好。从脚印看，这位古人的大拇指明显长于其他脚趾。哈哈，和我的一样！

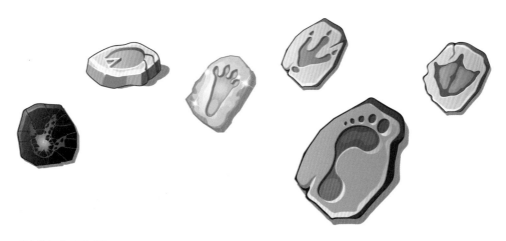

科学小百科

在中国三峡地区，发现了距今约5.4亿年的动物足迹化石。这是目前发现的地球上最早的动物足迹化石，由生活在寒武纪前的一种类似虾的动物留下。

走一下捷径

1513年，西班牙人巴尔博亚登上了巴拿马荒野中一处陡峭的山峰，看到了西南方浩瀚的大海。这就是太平洋！巴尔博亚成为第一个跨越巴拿马地峡的欧洲人。

西班牙人看到了巴拿马地峡的战略意义，那时，从美洲东海岸用船运送货物到西海岸，必须绕过南美洲最南端的麦哲伦海峡或合恩角。而分隔大西洋和太平洋的这道地峡仅80.5千米，如果在这儿建一条运河，让船直接开过去，就会近13000～14800千米！西班牙人勘探了这个地区，但因为种种原因，都没能如愿建成运河。

1869年，法国人取得了运河的开凿权。法国的工程技术和挖掘设施当时均是世界一流的，但让人意想不到的是，法国人被蚊子挡住了去路——蚊子传播的疟疾和黄热病，让数以万计的工人丧命。法国人被迫放弃了。

美国团队接下了法国人中断的工作，将蚊子问题纳入整个工程计划的一部分。美国人采取措施，让工人免受蚊子的叮咬和疾病的侵袭。几年后，沟通大西洋和太平洋的巴拿马运河终于贯通了。

巴拿马运河

1914年8月15日，万吨蒸汽轮船"埃朗贡号"通过巴拿马运河，这标志着被誉为"世界七大工程奇迹"之一的巴拿马运河正式通航。

科学小百科

地峡是连接两块较大陆地或较大陆地与半岛间的狭窄地带。在地峡开凿运河，能为航运提供很大便利，如图为横穿希腊科林斯地峡的科林斯运河。

钢的时代来了

随着第一次工业革命的胜利，工场手工业转向机器大工业。机器的大量发明和广泛使用，使钢铁成了最基本的工业材料。从前的炼钢方法已经不能满足工业和技术发展的需要，人类一直在寻找新的炼钢法。

一天，英国冶金学家贝塞麦在钢铁实验工厂，用鼓风箱往坩埚里送风时，偶然发现一块铁片粘在坩埚的边上，凭着对铁的变化的敏感，他命令助手熄火，取下这块铁片。贝塞麦仔细观察这块铁片，惊讶地叫了起来："哇，它变成钢了！"

贝塞麦

这块铁是怎么变成钢的呢？经过反复实验分析，贝塞麦终于弄清了原因：由于这块铁粘在坩埚边上，得到了鼓风箱鼓入的足够氧气，才使生铁中的碳大多被氧化，从而变成了钢。

"应当加大氧气量……对！从坩埚底部吹氧效果最好！"

根据这一原理，贝塞麦很快设计、制造了一种从炉底吹氧的新式炼钢炉。这是一个可以转动的炉子，所以叫转炉。转炉还可以倾斜，使炼好的钢水很容易倒出来。

1855年8月16日，贝塞麦在英国"大英科学振兴会"上，公布了他只用15分钟，就能炼出10吨优质钢的新技术。贝塞麦的发明，为人类跨入钢铁时代发放了"通行证"。

从此，钢铁巨轮横跨大洋，摩天大楼拔地而起……钢的时代来了！

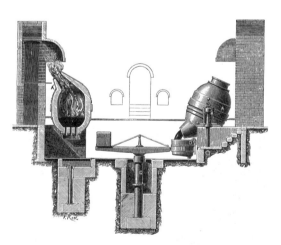

贝塞麦炼钢工艺版刻插图

8月17日 不一样的中子星合并事件

在距离地球1.3亿光年的星系中，两颗中子星互相围绕旋转。在合并前约100秒时，它们相距400千米，每秒互相围绕旋转12圈，并向外辐射引力波。两颗中子星越转越近，直至最终碰撞在一起……

科学史快报

2017年8月17日，科学家第五次探测到引力波信号，不同于之前几次黑洞合并，这次的主角是两颗中子星。这是我们现在所知的，除黑洞外质量最大的致密天体。

而更加令人振奋的是，人们侦测到了这次合并过程中释放出的电磁波！接下来的几个星期，人们开始了疯狂的追星旅程，全球70多台望远镜对准这片天区……这次，人们不止"听到"了引力波，还"看到"了引力波。天文学家梦想中的"多信使天文学"时代来临了！

令人遗憾的是，此次双中子星合并之后到底变成了什么，依然没有答案。科学家目前推测有两种可能，一种可能是变成了质量非常大的中子星，另一种可能就是变成了黑洞。不过，这还需要后续的观测才能知道。

科学家推测，宇宙中大部分比铁元素相对原子质量大的元素，比如金元素，可能都是由中子星碰撞所产生的！据估计，中子星的一次碰撞，能够形成大约100个地球那么重的黄金，并将其抛洒至星际空间。

富尔顿的"蠢物"

自从瓦特的蒸汽机问世以后，很多人想制造出蒸汽驱动的轮船，可是都失败了。

1803年，美国发明家富尔顿研制出一艘长约21米、宽约2.5米的轮船。在轮船上面，装有一台8马力的蒸汽机。

富尔顿

在一个天气晴朗的日子，富尔顿在巴黎的塞纳河上试航。这艘船其貌不扬，岸上围观的人戏称它为"富尔顿的蠢物"。果然这个"蠢物"很不争气，在塞纳河上吐气冒烟，走走停停，走了没有多远就不动了。这次试航就在人们的哄笑声中结束了。

富尔顿的日记

1803年

一夜的狂风暴雨，我的船被吹翻在塞纳河中，试验彻底失败了。但是，我不会放弃的，我一定要把这个"蠢物"改造成人见人爱的"宠物"！拭目以待吧！

"克莱蒙特号"试航

经过几年的努力，富尔顿又造出了一艘名为"克莱蒙特号"的轮船。这艘船长45米、宽4米，没有帆和桅杆，而是矗立着一根大烟囱；它也没有橹，而是在船体两侧各有一个大水车式的轮子。这可是比塞纳河中的船更神气的大家伙！但人们依然不相信这个庞然大物会成功航行，戏称它为"富尔顿的大蠢物"。

让人意想不到的是，1807年8月18日，"富尔顿的大蠢物"——"克莱蒙特号"试航成功了。它把一艘艘帆船抛在后头，用32小时航行了普通帆船需要四天四夜才能完成的航程。

从此，人类结束了靠人力或风力行船的历史，船舶发展进入了一个新的时代——蒸汽轮船时代。富尔顿也因此被称为"轮船之父"。

延伸阅读

2月21日 蒸汽火车实验

79

飞向太空的动物

二十世纪五六十年代，人类开始将目光聚焦到对太空的探索上。但太空是个特殊的环境，谁也不知道人类能否在太空中生存。于是，人们先利用与人类相近的动物，进行了一系列的测试和鉴定飞行。下面，让我们来看一看进入太空的动物航天员吧！

第一只航天狗——莱卡

莱卡曾经是莫斯科街头的一只流浪狗，1957年，它乘坐苏联的第二颗人造卫星离开地球。莱卡虽然在火箭发射几小时后就因惊吓和中暑去世了，却为未来人类的载人飞行迈出了第一步，被人们誉为"航天英雄狗"。

两只狗的成功

1960年8月19日，苏联成功将两只狗贝卡和丝翠卡送入地球轨道，它们在太空中呆了一天，然后安全返回地球。这是人类首次将动物送入地球轨道并安全返回的测试。这次测试的成功，为将人类送入太空奠定了技术基础，仅仅8个月之后，加加林便飞向了浩瀚的太空。

"王牌航天员"——黑猩猩哈姆

与苏联相比，美国则选择了人类的近亲——黑猩猩。1961年，黑猩猩航天员哈姆作为宇宙飞船"水星号"的唯一乘客进入外太空，成为第一个到达外太空的类人动物。哈姆进行了16分钟的旅行，没有受到任何伤害。

其他动物航天员

1963年，法国首次将一只猫发射入太空。另外，兔子、老鼠、苍蝇也是飞行试验中经常用到的动物。

延伸阅读

8月4日　飞向太空的机器人

蚊子日

19世纪末，印度每年有100多万人死于疟疾。这个盛行于热带地区的古老传染病，成为英国拓展海外殖民地的一大障碍。

疟疾是怎么从病人身上传到健康的人身上的呢？1880年，一位法国军医在疟疾患者的血液中发现了一种微生物——疟原虫。现在，只要在中间的传播体上找到疟原虫，一切就迎刃而解了！

疟疾的中间传播体是蟑螂、蝙蝠还是水中的贝类？在印度的英国医生罗斯展开了研究，他在显微镜下一一观察这些动物，但都没有收获。

就在焦头烂额之际，一位前辈点拨了罗斯。英国的传染病学家曼森认为"疟疾由蚊子传播。"于是罗斯开始抓蚊子回来解剖。可是事情比罗斯想的还要复杂，在印度，蚊子有上百种！而且，罗斯不知道疟原虫会藏在哪里，只好解剖每只蚊子的每个部分，"日以继夜的观察，使我的右眼肿起，但还是要再看下一只蚊子……"他在日记中写道。

冈比亚疟蚊

通过不懈的努力，罗斯终于在1897年8月20日找到了传播疟疾的蚊子——疟蚊，在它的体内发现了疟原虫卵囊，证实了疟疾是由蚊子传播的。罗斯立即激动地写下这些诗句：

> 我禁不住流下感恩的眼泪……
> 那杀死百万人的祸首啊！
> 我终于找到了你狡猾的足迹……
> 无数人将获得拯救。

这一天，被称为蚊子日。罗斯由于在探明疟疾病因上的贡献，荣获1902年诺贝尔生理学或医学奖。

延伸阅读
10月5日　屠呦呦和青蒿素的发现

死亡之湖

1986年8月21日，非洲喀麦隆一座火山下，居民们早已进入了梦乡。突然，一声巨响打破了夜空的宁静。

声音来自火山口的尼奥斯湖，湖面上腾起巨大的水柱，随即，整个湖面沸腾了起来，喷出气体，向山下睡梦中的人们袭来……

这些气体导致1700多人瞬间死亡，3500多头牲畜暴毙。究竟是什么致命气体，有这么大的杀伤力？

其实，这些气体只是二氧化碳而已。也许你会问，二氧化碳不是我们每天呼吸时会产生的吗？为什么会毒死人？

事故调查报告：二氧化碳也会杀人

尼奥斯湖是一个火山湖，底层的湖水中富含二氧化碳。就像我们喝的碳酸饮料一样，使劲晃动后，打开瓶盖，碳酸饮料就会喷出来。事发当晚，极有可能是湖边的一处山壁崩落，岩石坠落湖底，打破了湖中的宁静，使巨量的二氧化碳冲出水面。

因为二氧化碳比空气的密度大，它会往山下的村子沉降，而它的浓度只要超过15%，就会让人在几分钟内窒息死亡！

灾难发生之后，当地采取"排气防喷"措施，在湖面上立起三根排气管，让二氧化碳平时就能宣泄，希望能有效阻止气体的大规模喷发。

延伸阅读
6月19日 发现二氧化碳

尼奥斯湖

8月22日

煮不熟的马铃薯

帕平是法国的一位科学家，他于1647年8月22日出生。

1681年的一天，帕平和朋友们登上阿尔卑斯山脉。带去的即食食品吃光了，帕平和同伴们准备煮东西吃。

帕平的日记

今天，在阿尔卑斯山脉靠近山顶的地方，我将马铃薯放到水里煮。水很快就开了。又继续煮了很长时间，我觉得马铃薯应该熟透了，于是用叉子叉起来吃，结果大大出乎我的意料，马铃薯还是半生不熟的！

真是邪门！我重新将马铃薯放进沸腾的水里煮，又煮了很长时间，马铃薯还是没煮熟！这也太奇怪了！

回到实验室后，帕平进行了深入的研究，终于发现了一条规律：水的沸点和大气压强有关。在地面上，水在100℃沸腾，而在海拔几千米的高山上，水在70℃左右就沸腾了。

正是因为这样，那天他的马铃薯一直没能煮熟。

这一现象启发了帕平：既然水的沸点和大气压强有关，那么增加大气压强，水的沸点是否也会提高呢？如果超过了100℃沸腾，煮食物不就会更快了吗？

为了验证这一推论，帕平制造了一只可以密封的铁锅，加进水和食物后放到火上煮。结果不出所料，密封铁锅中的气压升高，沸点升高，食物熟得更快了。高压锅就这样被发明出来了，当时人们称这种锅为"帕平锅"或"消化锅"。为了使用时更安全，帕平又发明了安全阀。

现在，在阿尔卑斯山脉、在高原上，人们再也不怕马铃薯煮不熟了！

"怪兽"并不可怕

居维叶

出生在1769年8月23日的居维叶是研究脊椎动物的专家，他具有无与伦比的观察和演绎能力。

一个深夜，居维叶的一名学生想跟他开个玩笑，这名学生把自己装扮成一头头上竖着两只大角、四肢长着蹄子、张着血盆大口的"怪兽"，偷偷来到居维叶的床前。

"居维叶，居维叶，我来吃你了！""怪兽"发出凶猛的嘶叫声和喷鼻的响声，做出要吃人的样子。

居维叶被惊醒了，他先是一愣，然后考虑怎样才能迅速而安全地逃走。可当居维叶借着灯光仔细地看了看这头"怪兽"后，突然笑起来，说："带角、有蹄，原来是个吃草的家伙，你可吃不了我！"说完，居维叶转身又睡着了。

第二天，那名学生忍不住问居维叶："老师，您怎么一看就知道那头'怪兽'只会吃草，不会吃人呢？"

"哈哈哈！判断一种动物是吃草的还是吃肉的，只要观察它的四肢、口腔、牙齿和颌骨就会一清二楚。昨天夜里那头'怪兽'，它的四肢上长的是蹄子，坚硬的蹄子是不适宜追赶、抓捕猎物的。因此我断定那'怪兽'是吃草的。"

居维叶笑着说："怪兽并不可怕，可怕的是无知。好好学习吧！"

科学家荣誉殿堂

居维叶将许多现存动物与化石进行比较，为古生物研究引入科学方法，建立了古生物学，被誉为"古生物学之父"。

延伸阅读
7月28日　骨头大战

被"开除"的冥王星

"现在，我们开始讨论冥王星的去留问题吧。"2006年8月24日，国际天文联合会第26届大会上，主席宣布会议开始。

我们先来听听冥王星的自白吧。

冥王星的自白

1930年，人们发现了我，并为我取了一个好听的名字——冥王星。之后，我加入了"大行星俱乐部"，成为太阳系的第九大行星。不过，和俱乐部的其他成员比起来，我显得有些"不太合群"：我的个头最小，比地球的卫星——月球还要小。而且，其他成员的轨道大致都在同一平面，我的轨道却倾斜了很大的角度。但我确实是围绕着太阳转的！所以，我想申请留在"大行星俱乐部"！

天文学家分为正反两方，就冥王星是否为大行星的问题展开了激烈的辩论。

"最近十年来，在冥王星轨道附近发现，有许多小天体与它大小类似，有些比它还大，那是不是也让这些天体加入'大行星俱乐部'？"赞成除名的正方辩手说道。

反方辩手眼看局势不妙，连忙说："一直以来，我们都说九大行星，就不能当作历史的结果接受它吗？"

"我们要随着科学的进步调整观念，不科学的结论就要修正。科学就是这样逐渐发展的。"

冥王星

辩论结束，经过表决，冥王星就此被"开除"出"大行星俱乐部"，自此，太阳系只有八大行星了。不过冥王星并不孤单，它和其他一些比大行星小、又比小行星大，但不能清除自身轨道附近其他物体的天体，包括谷神星、阋神星等，一起加入了"矮行星俱乐部"。

最有名的失忆者

7岁时，小男孩亨利遭遇了一场自行车事故，几年之后，癫痫缠上了他。发作时，亨利会口吐白沫、全身剧烈抽搐，因为发作太频繁，严重影响了他的生活。

1953年8月25日，27岁的亨利躺在手术台上，准备接受脑部手术。医生告诉亨利，只要切除一部分脑叶，就可以治愈。亨利满怀期待地答应了。

手术成功缓解了癫痫的发作，一切看起来都很顺利，除了——亨利患上了严重的遗忘症！他记不起手术前几年发生的事情，但能记起童年时的许多趣事。还有，他记不住新的事物，几分钟前发生的事，一下就忘记了，连自己最新拍的照片都认不出！

为了弄清亨利遗忘症的本质，在接下来的55年间，科学家对亨利进行了数不胜数的各类测试。作为神经科学史上被研究次数最多的病例之一，亨利出现在将近12000篇已发表的论文中。由于这些研究，我们对大脑和记忆的理解和认识，发生了巨大的改变。

亨利去世后，他的大脑被保留了下来，和爱因斯坦的大脑一样，成为世界上被观测得最多的大脑标本之一。

真实的亨利

和亨利相处了半个世纪的神经科学家科尔金经常跟他说："你知不知道自己很有名？你帮我们做了好多研究。"亨利总是有些羞涩地问："真的吗？"20多秒后，亨利就又会忘记这件事。科尔金每次告诉亨利，他都很开心，能对别人有所帮助，他觉得很快乐。

延伸阅读
4月18日　爱因斯坦的大脑不见了

现代化学之父

拉瓦锡

自古以来，许多人都痴迷于如何将其他物质转变成金子。牛顿晚年就沉浸其中，他被称为"最后的炼金术师"。在研究炼金术的过程中，化学诞生了。

但直到"现代化学之父"拉瓦锡的出现，才开启了化学研究的科学方法，把化学从漫漫长夜引向灿烂的黎明。

出生于1743年8月26日的法国科学家拉瓦锡并没有发现前人不知道的新物质、新特性、新自然现象，但他把一种新的精神注入化学内部。拉瓦锡为化学做的事就像伽利略为物理学做的事：引进严格的方法论、经验论和定量方法。拉瓦锡从实验中得出了质量守恒定律，提出了一套化学命名的新系统。拉瓦锡因此被称为人类历史上最伟大的化学家。

不过，拉瓦锡不幸地成为法国大革命的牺牲品。1792年11月，拉瓦锡因做过已被废黜的皇室政府的税务官——通过克扣底层穷人的钱财向国王上缴税款而获罪。拉瓦锡在被捕时申辩："我和政治毫无关系，作为税务官所得的钱，都用在了科学实验上！"拉瓦锡大声疾呼："我是科学家！"但前来逮捕他的指挥官粗暴地吼道："法兰西第一共和国不需要科学家！"

就这样，1794年，51岁的拉瓦锡被送上断头台。就在拉瓦锡受刑的第二天，法国伟大的科学家拉格朗日悲愤地说："砍下这样一颗头颅只要一瞬间，但要再长出一个这样的脑袋，也许要100年！"

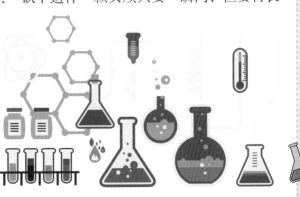

延伸阅读

2月17日　给元素排座位

8月27日

没有螺旋桨的飞机

1939年8月27日，德国飞行员瓦西茨像往常一样来到了机场的停机坪上，场中停着一架新制造的飞机。与过往飞机不同的是，这架名为He-178的飞机装有一台涡轮喷气发动机。

He-178飞机

瓦西茨登上飞机，伴随着发动机的巨大轰鸣声，世界上第一架喷气式飞机冲上了蓝天，那震耳欲聋的声音向人们宣告了喷气时代的来临。

如果你在附近，你一定会记下这不寻常的一天：

> 飞机快速越过我们，像一只鹧鸪鸟，飞向天空，消失在云层里。我放下手中的玩具，跑出家门，告诉每一个人，我看到了一架没有螺旋桨的飞机。当然，没人相信我！

第二次世界大战以后，喷气发动机技术越来越成熟，喷气式飞机迅速取代了活塞式飞机的地位。如今，超声速甚至几倍于声速的飞行，对于人类来说都是可以做到的事了。

科学家速写

涡轮喷气发动机的概念不是德国人最先提出来的，而是英国人惠特尔。1928年，21岁的惠特尔在练习本上写下一篇论文，预见了人类飞行的前景——800千米/时的飞机，并设想了涡轮喷气设计。那时候惠特尔的想法就像科幻，但他用数学计算进行了证明。

惠特尔的论文得了满分。教授写下了这样的评语："我不能完全理解你的文章，但我也找不到其中有什么错误。"

延伸阅读
10月14日　与声音赛跑

8月28日

太空漂流记

在太空中，我花了将近一个月的时间，才算完全适应了做一个太空人。对飞行与漂浮，从软管里吮吸经过脱水、净化的食品，我都变得习以为常。24小时的时间变得没有意义——一天之中太阳会升起15次！

——摘自美国航天员利宁杰《太空漂流记——"和平号"空间站上的历险》

空间站又叫太空站，是离我们最近的"空中小屋"，有了它，人们就可以在太空安家了。人类历史上首个可长期驻留的"太空小屋"是"和平号"空间站，是苏联在1986年建成的。不过，"和平号"是一座老化快速的空间站，1999年8月28日，俄罗斯宣布停用"和平号"空间站。在太空继续晃荡了一年半后，2001年，"和平号"坠入了南太平洋。

1998年至2001年间，俄、美等国又合作建成了人类历史上最大的空间站——国际空间站。现在，中国人也要建自己的空间站了！

为了建成中国人自己的空间站，我国先后发射了"天宫一号"和"天宫二号"来验证技术，为真正的空间站做准备。预计，中国会在2022年前后建造自己的空间站。相信不远的将来，你就可以去空间站做客了！

国际空间站，距离地球大约400千米

延伸阅读

6月28日　在太空中待得最久的人

89

发现电磁感应现象

1820年，丹麦的奥斯特发现电流能使小磁针发生偏转，即电能生磁。那么磁能生电吗？英国物理学家法拉第对此坚信不疑。

法拉第将自己的想法默默记在笔记本上，随后展开了许多实验，来验证自己的想法。

法拉第的日记

1831年8月29日

今天，我和往常一样来到实验室。这一次，我用一根长长的铜丝绕在一个圆筒上，做成线圈，线圈的两端连着一个电流计。我发现，将磁铁插入线圈或从线圈中拔出时，电流计就会发生偏转；如果磁铁在线圈中不动，电流计就不动。

我明白了！只有磁铁在线圈中运动时才能产生电流。也就是说，运动的电荷会产生磁，运动的磁也会产生电流，这就是电磁感应现象。

电磁感应现象的发现，让之前习惯研究静电和静磁现象的科学家眼前一下子生动了起来，随着对电磁学的深入研究，麦克斯韦最终用一系列方程，统一了电磁相互作用，预言了电磁波的存在。

后来，法拉第又改变了实验方法，他把线圈放在磁铁的两极之间，当线圈不断旋转时，线圈中就能产生持续不断的电流。这一重大发现，为发电机的诞生奠定了基础。

法拉第

科学家速写

9岁做学徒，12岁做报童，14岁做图书装订工……法拉第的童年简直就是一部打工史。但那时的法拉第苦中作乐，一旦有机会，就在知识的海洋中寻找乐趣。

长大后的法拉第，致力于推动科学知识的普及。他针对青少年推出"圣诞节讲座"，演示科学实验，深入浅出地讲述科学知识，这个活动延续至今。

延伸阅读

12月8日　麦克斯韦的预言

大陆在移动

非洲与南美洲

早在1908年，美国地质学家泰勒观察地图时，就注意到非洲海岸与对面的南美洲海岸的形状十分吻合。这两块大陆在过去会不会是连在一起的呢？泰勒提出自己的观点："大陆曾经到处移动，而几块大陆轰然撞到一起，形成了世界上的山脉！"遗憾的是，泰勒拿不出什么证据。

于是，很多人将此视为笑谈，但德国气象学家魏格纳接受了泰勒的观点，他开始寻找证据。

魏格纳的日记

我考察了许多植物和化石的反常现象，发现某些动物化石不断地在海洋两岸出现，这是什么原因呢？海洋那么宽，显然动物是游不过去的。

有袋类动物是怎么从南美洲跑到澳大利亚去的呢？一种三叶虫在欧洲和美洲西北部的太平洋沿岸都有发现，在中间地带却不见踪影。这些生物是在集体旅行吗？太不可思议了。

把各种不可能都排除，真相只有一个——那就是世界上的大陆原先是一个陆块，可以将其称为"泛古陆"，只是到了后来，陆块才分裂成几块，漂移到现在的位置。

1915年，魏格纳出版了《海陆的起源》，系统论述了大陆漂移问题。可是魏格纳无法令人信服地解释大陆是怎么移动的，他还需要新的证据。

1930年，在去格陵兰岛寻找证据的途中，魏格纳不幸倒下了。1967年8月30日，在"大陆漂移说"基础上建立的"板块构造学说"相关论文被《地球物理学研究杂志》接收，并于1968年3月发表。此后，"板块构造学说"成为20世纪地球科学的主流。

延伸阅读

10月6日 地球，你多少岁了？

死亡地图

这是1854年8月，伦敦就是拾荒人的天下。这里有各种各样的拾荒人，光是名字就让人觉得匪夷所思：拾骨人、捡破布人、捡狗屎人、挖泥人、收垃圾人、掏粪人、河道人。他们都属于伦敦的底层社会，至少有十来万人……

——摘自史蒂芬·约翰逊《死亡地图》

1854年8月31日，在英国伦敦其他地区爆发一系列零星的霍乱后，苏豪区也被波及。接下去的三天内，127名居民在上吐下泻中悲惨地死去。四分之三的居民逃离了。

斯诺医生并没有离开，他决定弄清楚霍乱的源头，将人们从这场可怕的瘟疫中解救出来。斯诺医生挨家挨户调查，统计每户人家得病的人数，然后将它画在地图上——这张地图很详细，标有街道、房屋，甚至还有水泵！一栋房子有一个人得病，就划一条线；两个人得病，就划两条线……

这就是著名的"斯诺的霍乱地图"。这份地图是一份死亡地图，也是一份救亡地图。因为地图很清楚地告诉人们：死于霍乱的病患都集中分布在一个水泵边。

是水源被污染了！于是，英国政府卸下了该水泵的抽水机手柄，禁止使用该水泵的水，结果立竿见影——几天以后，新的霍乱病患就不再出现了。

英国政府也因此痛下决心改善公共卫生设施，完善供水和排水系统，保证水源的清洁。这张死亡地图创造了一种全新的生活方式，让所有后人得益。

AAO
2012

延伸阅读
3月24日 "吸血鬼"的真面目